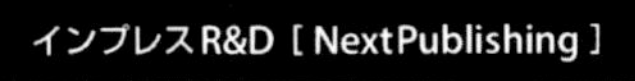

Legal Q&A Books
E-Book / Print Book

おとなの法律事件簿（家庭編）

LEGAL CASE FILE

弁護士が教える
生活トラブルの乗り越え方

蒲 俊郎 著
弁護士・桐蔭法科大学院教授

相続、離婚、
認知症対策、介護、安楽死、いじめ、転職、
副業／民泊、ネット被害ほか

impress R&D
An Impress Group Company

ビジネスパー……な法律で解決！

はじめに

本書は、「おとなの法律事件簿」シリーズの第3弾となります。私が、2011年8月から2016年6月まで、5年間120回にわたり、ヨミウリ・オンライン上で連載した法律コラム「おとなの法律事件簿」の中から、特に好評であったものを分野別にセレクトして大幅に加筆修正し、これまでに『おとなのIT法律事件簿』『おとなの法律事件簿（職場編）』の2冊の本を出版してきました。幸いにして、両書ともに、ヨミウリ・オンライン連載時の愛読者の方々ばかりでなく、ITや労務に携わる企業関係者の方々からも評価して頂けたようです。

これらの2冊では、いずれも主に企業自体、もしくは企業と社員との関わりについての問題を中心に説明してきましたが、企業に勤める皆さんにとり、所属する企業との関係が重要であるのと同時に、職場を離れた私生活を充実させることが重要であることは言うまでもありません。企業にとっても、社員の私生活の充実は不可欠の要請です。私生活が充実した社員は、職場でも大いにその力を発揮してくれることが期待できるからです。

近時「働き方改革」が話題になっていますが、電通問題を契機に、労働時間の抑制が企業にとっての重要課題となり、それに伴い、社員が社外で過ごす時間が増加し、ワークライフバランスの重要性が高まっています。他方、職場での拘束時間が減少して、仕事と関係ないプライベートな時間が増加したからといって、社員が法律問題と無関係でいられるわけではありません。むしろ、社内で仕事として対応してきた問題とは別次元の様々な法律問題に直面することになります。それは、社外での活動領域が広がれば広がるほど多種多様になってきます。

弁護士として様々な企業に関わり、多くの優秀な企業人の方々と面識を持ち、仕事の場以外でも多くの時間を共有する中で、私生活上の悩みを聞くことも多々あります。そんなときに私がよく感じるのは、企業の中で極めて優秀な人でも、私生活に関わる単純な法律問題を解決できず、ストレスを抱えていることが多いという意外な事実です。優秀な企業人であって、自分の仕事に関しては、法律問題も含め、すべてに精通し常に注意を払いながら大過なく過ごしているにもかかわらず、自らの私的な法律問題の解決には真剣に取り組まず放置したままにし、日々ストレスを蓄積させているということです。ちょっとした法律知識を欠いていたことで、私生活に支障が生じ、それが仕事にまで影響を及ぼすこともあるわけですから、企業人としては、仕事に関わる法律問題だけしっかり対処すれば良いということにはなりません。

そこで、本書ではこれまでのシリーズとやや趣向を変え、企業で働く皆さんが、会社の外で直面する様々な法律問題を想定し、職場を離れて充実した私生活を送るための問題解決の方策について説明してみました。まさに、副題となっている「生活トラブルの乗り越え方」に関する1冊となっています。具体的には、過去のシリーズと同様、「おとなの法律事件簿」の記事の中から、本書の趣旨に対応するものを集め、連載後の法改正や判決などにも対応し大幅に加筆修正しました。本の趣旨にあわせて、相談文の内容にも手を加えていますので、連載時の読者の方々にも、再度、新鮮な気持ちで読んでいただけると思います。

これまで上梓した「おとなの法律事件簿」シリーズの2冊の本と同様、身近に本書を置いてもらい、少しでも私生活上のトラブルを減らして頂く、もしくは今遭遇しているトラブルを解決する糸口にして頂き、仕事だけでなく、私生活も充実したものにして頂ければ幸いです。

2018年2月

蒲 俊郎

目次

1

第1章 転職、起業に関わる諸問題

CASE1
自分の名前で検索すると悪い情報が…。ネットの検索結果は削除できる？

【相談】

私は、現在、30歳。都内のIT企業でエンジニアとして働いています。5年前に結婚して、昨年の4月に幼稚園に入園した長女と6月に生まれた長男と4人で平凡ですが幸せな生活を送っていました。ところが、つい先日のこと、私が帰宅すると、妻が神妙な顔をして聞いてきました。「あなた、昔、暴力事件を起こして逮捕されたって本当？」。突然だったので動揺してしまい、買ってきたケーキの箱を床に落としてしまいました。ダイニングに妻を連れていき、私は洗いざらい“過去”を話すことにしました。

今から10年前、私はある地方の大学に通っていました。20歳の誕生日にサークルの先輩が「今日から酒が飲めるぞ」と、居酒屋に連れていってくれました。初めて座るカウンター席で私は舞い上がってしまい、先輩が止めるのも聞かず、ビール、日本酒、焼酎をどんどん飲んでしまいました。隣に座ったサラリーマンが偶然、同じ大学の出身で意気投合したところまではよかったのですが、ささいなことから口論になり、その人の顔面を殴ってしまいました。私が暴れるとすぐに店員が警察に通報。私は暴行の現行犯で逮捕されることになりました。幸い、相手にけがはなく示談が成立。起訴猶予処分で済んだため前科はつきませんでした。ただ、近くに居合わせた地方紙の記者が騒ぎを聞きつけて現場にやってきました。私の通っていた大学がその地方では有名な大学であったこともあり、翌日の朝刊の社会面に「●●大生　20歳の誕生日に大暴れ　暴行で逮捕」という記事が実名入りで掲載されてしまったのです。

妻に隠すつもりはまったくなかったのですが、前科でもないので、これまで伝えていませんでした。今まで、私の逮捕歴を知っているのは、大学時代の友

人くらいだと思っていました。最初は驚いていた妻でしたが、最後まで話をすると納得してくれました。でも、不思議だったのは、なぜ妻が私の逮捕歴を知ったのかということです。聞くと、近所のママ友がネットで私の名前を検索した時に、私の逮捕を報じる地方紙の記事が検索結果として表示され、「これ、お宅のご主人？」と聞かれたからだそうです。試しに私も検索エンジンに自分の名前を入力してみました。サジェスト機能により、私の名前を入力するだけで、続いて検索が予想される言葉として「逮捕」、「暴行」等が自動的に別枠で表示され、検索結果にも地方新聞の記事が表示されていました。私に逮捕歴があることは事実ですが、もう10年も前のことですし、できれば知られたくない過去です。

私としては、いつか起業したいと考えており、そのために転職することも検討中であり、その際、相手先企業から問題とされることが心配です。また、子供がいじめを受ける原因にならないかとも心配しています。ネット検索において、私の逮捕歴がでてくる記事が表示されないようにするとともに、私の名前で「逮捕」や「暴行」といった言葉が表示されるのをやめてもらうようにすることはできませんか。

検索結果の削除に最高裁が初の判断

2017年1月31日、過去に逮捕歴のある男性が、インターネット検索サイト「グーグル」に対し、検索結果に表示される自身の逮捕歴に関する情報の削除を求めた仮処分命令申立事件において、最高裁判所は、検索結果の削除を認めない旨の決定をしました。検索サイト側の「表現の自由」と、表示される側の「プライバシーの保護」を天秤にかけ、プライバシーを公表されない利益が、サイト側の表現の自由より「明らかに優越する場合」に限って削除できるなどとする新たな基準を示したものです。

当時、新聞各紙では、「逮捕歴削除認めず　最高裁厳格基準」「検索結果削除に厳格基準　最高裁『犯罪歴』で初判断」「ネット検索削除認めず　逮捕歴、公共性を考慮」「検索結果の削除　表現の自由と考量」「検索サイトの『表現』重視」「検索結果削除に6基準」などといった見出しが躍りました。

あらゆる人がインターネット上で情報を収集するようになり、検索サイトがその基盤として大きな役割を果たすようになるにつれて、検索サイトへの削除請求は近年急速に増加しており、各地の裁判所で判断が分かれていましたが、今回、最高裁判所が、初めて統一的な考え方を示したわけです。最高裁判所の決定については後ほど詳しく説明するとして、まずは、インターネットの検索結果の削除をめぐるこれまでの動きについて振り返ってみたいと思います。

図1-1 グーグル検索の削除を巡る最高裁判決（出典：※読売新聞2017年2月1日）

逮捕歴削除認めず

最高裁 厳格基準

初の統一判断

グーグル検索

検索サイト「グーグル」で表示される逮捕歴を削除することの是非が問われた裁判で、最高裁第3小法廷（岡部喜代子裁判長）は、先月31日付で削除を認めない決定をした。インターネットの普及に伴い、各地の裁判所で、「忘れられる権利」があるとして検索結果などの削除を求める裁判が多数起こされていたが、同小法廷は決定で、忘れられる権利には言及せず、「検索結果を提供する必要性を、公表されない利益が上回ることが明らかな場合に限り削除が認められる」とする初の統一判断を示した。

「忘れられる権利」触れず

裁判官5人の全員一致の決定。ネット上の「表現の自由」や「知る権利」を重視した判断で、今後も、ネット社会において、公益性の高い事件報道などは検索サイトを通して利用者が共有できることになる。

この裁判を起こしたのは、2011年11月に児童買春・児童ポルノ禁止法違反で逮捕された男性。グーグルの検索で逮捕時の記事が表示され続けているのは不当だとして、米グーグルに検索結果の削除を求める仮処分を申請した。

さいたま地裁は15年6月、検索結果49件の削除を命令。さらに同年12月、グーグル側の異議を退けた決定で「犯罪者といえども過去の犯罪を社会から『忘れられる権利』がある」と言及し、国内で初めて忘れられる権利を認めた。一方、昨年7月の東京高裁決定は、忘れられる権利を「法律上の根拠がない」として否定し、削除命令を取り消したため、男性が抗告していた。

同小法廷の決定はまず、検索結果は「検索サイト事業者自身による表現行為」という側面があることを指摘し、元の情報の投稿者とは別に、検索事業者に対しても削除請求ができるとした。

グーグルに初の検索結果削除命令

2014年10月9日、東京地方裁判所が、グーグルに対し、検索結果の一部を削除するよう命じる仮処分決定を下したことが「国内初の司法判断」として、メディアで大きく報じられたことを覚えている方も多いと思います。事案内容については非公表となっていますが、翌10日付の新聞によれば、グーグルで自分の名前を検索すると、犯罪行為に関わっているかのような検索結果が表示されるのは人格権の侵害だとして、日本人の男性が、グーグルの米国本社に対して検索結果の削除を求めていた仮処分申請が認められたというものです。

男性は、「過去の情報が表示され、生活を脅かされた」などと主張。グーグル側は「各ウェブサイトの管理者に削除を求めるべきで、検索サイト側に削除義務はない」と反論していました。これに対して、裁判所は、グーグルのサイトに表示される記述が「素行が著しく不適切な人物との印象を与える」と指摘した上で、「表題と記述の一部自体が、男性の人格権を侵害している」とし、検索エンジンを管理するグーグルに削除義務があると認定、男性側の請求を認め、237件のうち、122件を削除するように命じる決定を行いました。過去、コンテンツプロバイダー（掲示板管理者、SNS事業者など）に対し削除命令が出た例は多くありますが、検索エンジンの運営企業そのものに対しての削除命令は出ていませんでした。これは、検索サービスがネット上に散在するあまたの情報を「機械的に」仕分けて、各サイトへ行きつくのを手伝うだけで、自ら主体的な「意思」をもって表示しているわけではないという考え方があったからだと思われます。ただ、その後にグーグルの不服申し立てを受けた東京地方裁判所は、男性が過去の取材で反社会的集団との関係を認めていることを指摘して、こうした情報が公になることへの同意があったとし、2016年7月、約60件の削除命令を取り消し、さらに東京高等裁判所はその決定を支持し、最終的には、2017年7月、最高裁判所も、男性側の特別抗告を棄却する決定をしたことが報じられています。

相次ぎ出た削除を命じる決定

2014年10月の東京地方裁判所の判断を契機とし、それ以降、検索エンジンに対して検索結果の削除を求めた仮処分申請で、裁判所が削除を命じる仮処分決定を出す例が相次ぎました。仮処分決定の内容は、判決などと異なり非開示のことが多く、判例データベースへの収録や、判例誌への掲載が通常は行われないことから、その内容については、報道に頼らざるを得ません。以下、新聞各社の報道などをもとに、幾つか近時の決定を紹介したいと思います。

(1) 2015年5月、検索によって、不正な診療行為での逮捕歴が分かるとして、現役歯科医師が検索結果の削除を求めた仮処分申請に対し、東京地方裁判所は、表示を削除するようにグーグルに求める決定を出しました。その歯科医師は、5年以上前、資格のない者に一部の診療行為をさせた疑いで逮捕され罰金を命じられたのですが、その後、グーグルで名前を打ち込むと、逮捕を報じるニュース記事を転載したサイトが検索結果に現れたとのことです。

(2) 2015年11月、検索によって、振り込め詐欺による逮捕歴が分かるとして、検索結果の削除を求めた仮処分申請に対し、東京地方裁判所は、表示を削除するようにグーグルに求める決定を出しました。男性は、振り込め詐欺に関わった疑いがあるとして逮捕され、その後、執行猶予付きの有罪判決を受けたのですが、その後10年前後が過ぎても、消費者問題をまとめたサイトなどに実名が載っており、グーグルで名前などを検索すると、逮捕歴が分かる表示が検索結果に表れたため、「犯罪歴の表示は更正を妨げ、人格権を侵害する」と主張していました。

(3) 2015年12月、検索によって、12年以上前の逮捕報道が表示されるとして、札幌在住の50代の男性が検索結果の削除を求めた仮処分申請に対し、札幌地方裁判所は、表示を削除するようにヤフーに求める決定を出しました。裁判所は、「逮捕されてから12年以上経過し、男性の犯罪歴をネット上で明らかにすることが公共の利益にかなうとは言えない」などと判断しています。

EUの「忘れられる権利」

これらの判断に大きな影響を与えたと考えられるのが、EUでの「忘れられる権利」を認める判決です。2011年11月、フランスの女性が、若い頃に撮影したヌード写真がネット上で拡散していたことから、グーグルに対して写真の消去を求める訴訟を起こし勝訴しました。この判決を契機として、EUではインターネット上に掲載された個人情報の削除を求めることを権利として確立する動きが活発化し、2012年1月、EUの欧州委員会がまとめた「一般データ保護規則案」の第17条で「忘れられる権利」として明文化されました。ちなみに、同規則案は2014年3月に欧州議会で修正され、「忘れられる権利」という文言自体は条文から削られ、代わりに「消去権」という文言が用いられるようになったようです（実質的な中身はさほど変わっていないとされています）。

そして、2014年5月13日、EU司法裁判所が、この権利を認める、初めての判決を出し、一躍脚光を浴びました。この訴えを起こしたのは、社会保険料を滞納したため所有していた不動産が競売にかけられたという内容の新聞記事が、グーグルの検索結果に表示されていたスペイン人男性です。既に10年以上経過しており、滞納金を支払って問題も解決済みであるにもかかわらず、今も表示されるのはプライバシーの侵害だとして、記事を掲載した新聞社とグーグルの現地法人、米国のグーグル本社を提訴した結果、EU司法裁判所は、新聞社への請求については適法に公表されたものだとして認めませんでしたが、グーグルの2社に対する請求は認め、情報やリンクの削除を命じました。判決後、グーグルは、欧州の利用者から、検索結果に含まれる自分の情報へのリンクの削除要請をウェブサイト上で受け付けるサービスを始め、欧州全域から削除要請が殺到したと報道されています。

削除を認めない判断も

ここまで述べてきたように、EU司法裁判所で、「忘れられる権利」を認める判決が出て、日本でも一時期削除を命じる仮処分決定が次々と出る状況となり、世間の注目を集めていましたが、そうした中でも、削除が否定される場面はもちろんありました。たとえば、女性を盗撮したとして、京都府迷惑行為防止条例違反の疑いで逮捕され、執行猶予付きの有罪判決を受けた男性が、ヤフーのサイトで自分の名前を検索すると、過去の逮捕記事が出て名誉が傷つけられたとし、検索結果の表示差し止めなどを求めた訴訟において、京都地方裁判所は、2014年8月7日、男性の請求を棄却する判決を出しており、第2審でも、大阪高等裁判所は、2015年2月18日、第1審判決の結論を支持し、同様に男性の主張を退けています。

最高裁判所判決に至る経緯

前述のとおり、インターネット上の犯罪歴の削除をめぐって司法判断が割れる中、今回、最高裁判所がどのような判断を示すのかについて注目されていました。特に、今回の事案は、2015年にさいたま地方裁判所が「忘れられる権利」を日本で初めて認めて削除を命じ、世間の注目を集めた判断を受けたものであったことから、「忘れられる権利」について最高裁判所がどう言及するかという点も含め、関心が高まっていたのです。そして、冒頭で述べた通り、最高裁判所の今回の決定は、検索結果の削除に厳しい姿勢を明らかにして、今後の指針となる一定の基準を明確に打ち出しています。

事の発端は、2011年、ある男性が18歳未満の女子高校生に金を払ってわいせつな行為をしたとして児童買春・児童ポルノ禁止法違反容疑で逮捕されて、罰金50万円の略式命令を受けたことです。男性は、グーグルで自分の名前や居住県を検索すると、逮捕当時の記事が表示されるため「人格権（更正を妨げられない権利）が侵害されている」と主張し、検索結果の削除を求める仮処分をさいたま地方裁判所に申し立てていました。これに対して、第1審のさいたま地方裁判所は、2015年6月、「比較的軽微な犯罪で、歴史的・社会的意義もなく、ネットに表示し続ける公共性は低い」などとして、グーグルの検索結果に表示される49件の削除を命令。さらには、同年12月、グーグル側の異議申し立てに対して「犯罪の性質にもよるが、ある程度の期間が経過した後は過去の犯罪を社会から『忘れられる権利』を有する」と判断し、削除決定を維持していました。しかし、2016年7月12日、東京高等裁判所はさいたま地方裁判所の決定を覆し、男性の削除請求を退ける決定を下しました。同裁判所は、児童売春事件は社会的関心が高く、特に女子児童の親にとって重大な関心事だと指摘し、事件から5年が経過しても情報の公共性は失われておらず、検索結果を削除すると「表現の自由及び知る権利を侵害する結果を生じさせる」と判断したのです。「忘れられる権利」についても、「そもそも我が国において法律上明文の根拠がなく、その要件及び効果が明らかではない」と否定し、実態は名誉毀損やプライバシー侵害に基づく差し止め請求権と変わらないとして、「独立して判断する必要はない」としました。

今回の最高裁判所決定も、基本的には東京高等裁判所の決定を踏襲した内容であり、情報の削除については「公表されない法的利益が優越することが明らかな場合には、検索事業者に対し、当該URL等情報を検索結果から削除することを求めることができる」との新たな判断基準を示しました。一方、注目されていた「忘れられる権利」についての言及はありませんでした。

最高裁判所がどう判断したか

最高裁判所は、①検索結果の提供は表現行為とし、②情報流通の基盤として検索サイトの果たしている役割は大きいとして、検索サイトによる特定の検索結果の提供が違法とされ、削除が求められることは、これらの役割を制約するものだと指摘しました。その上で違法か否かは、③「当該事実を公表されない法的利益と当該URL等情報を検索結果として提供する理由に関する諸事情を比較衡量して判断すべき」であるとし、削除を求めることができるのは、事実を公表されない利益が検索結果を提供する価値を明らかに上回る場合だとしました。

まず①については、検索結果の提供は、すでにインターネット上に存在する情報を機械的に表示するものに過ぎず、単なる情報の媒介であって、表現行為には当たらないという可能性もありました（グーグル側は、したがって責任は負わないという主張をしていました）。しかし、本決定では「情報の収集、整理及び提供はプログラムにより自動的に行われるものの、同プログラムは検索結果の提供に関する検索事業者の方針に沿った結果を得ることができるように作成されたものであるから、検索結果の提供は検索事業者自身による表現行為という側面を有する」としました。検索サイト運用者は、単なる情報を媒介する者ではなく、表現者としてプライバシー等を理由とした削除請求を受ける可能性があり、これに対応しなければならないことが明らかとなった点で意義があると言えます。

また②については、「検索事業者による検索結果の提供は、公衆が、インターネット上に情報を発信したり、インターネット上の膨大な量の情報の中から必要なものを入手したりすることを支援するものであり、現代社会においてインターネット上の情報流通の基盤として大きな役割を果たしている」と指摘しています。表現者の権利利益のみならず、多数の者の権利利益に影響することが示されているところが特色です。

そして、今回の最大の注目点は③であり、検索結果の削除が認められるか否かにつき、判断の枠組みが示されたことです。具体的には、考慮するポイントとして、(1) 記事記載事実の性質及び内容、(2) 事実が伝達される範囲とその者が被る具体的被害の程度、(3) その者の社会的地位や影響、(4) 記事等の目的や意義、(5) 記事等が掲載された時の社会的状況とその後の変化、(6) 記事等において（実名や住所など）事実を記載する必要性の6つが挙げられました。

上記枠組みに照らし、男性が児童売春で逮捕された今回のケースは、逮捕の事実がプライバシーに属するものとしつつも、「児童買春が児童に対する性的搾取及び性的虐待と位置付けられており、社会的に強い非難の対象とされ、罰則をもって禁止されていることに照らし、今なお公共の利害に関する事項である」と指摘しました。また、居住県と氏名を条件とした場合の検索結果の一部で、事実が伝達される範囲が限定されていることも重視し、「本件事実を公表されない法的利益が優越することが明らかであるとはいえない」と、男性の請求を退けました。

削除の線引きはどうなる？

インターネットの検索結果の削除が認められるかどうかは、個別事案ごとに判断されることとなりますが、今回の最高裁判所の判断は、当然、今後のひとつの目安となります。

今回示された判断枠組みは、記事の内容や公表することによる被害の程度など様々な要素を比較衡量して、公表されない法的利益が優越することが明らかな場合、つまりプライバシーの保護が情報公表よりも明らかに優越する場合に削除が認められるとするものであり、検索結果の削

図1-2 検索結果削除に6基準

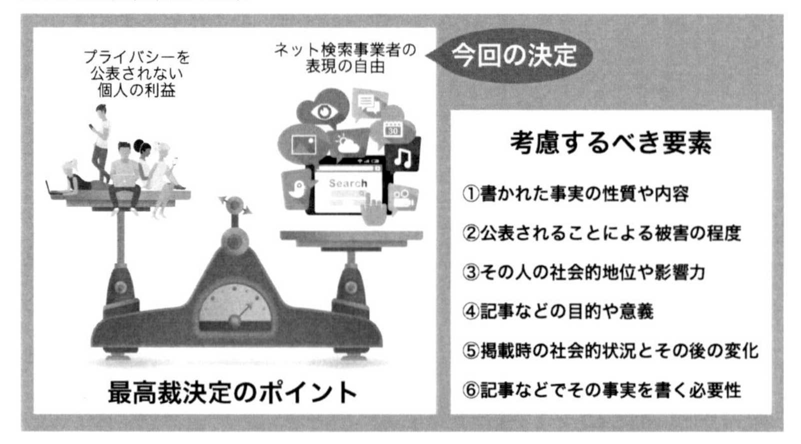

除について、決して低くないハードルが設けられたと評価できると思われます。その一方で、デマや名誉毀損など、公共性の低い情報については、むしろ、プライバシー保護を優先する司法判断が増え、削除されやすくなる可能性もあると言われています。

この点、2017年10月に興味深い裁判所決定が出ています。新聞報道によると、自分の名前をインターネットで検索すると、犯罪行為に関わっているかのような結果が表示されるとし、東京都内の男性がヤフーに対して検索結果の削除を求めた仮処分申請で、東京高等裁判所は、2017年10月30日、ヤフーによる名誉毀損の成立を認め、検索結果11件の削除を命じる決定を出しました。男性は、自分の名前をヤフーで検索すると「反社会的集団に所属している」「(男性側から)恐喝された」といった虚偽の記述が表示され、名誉が傷つけられたと主張しており、2015年12月と16年8月、東京地方裁判所は、「権利侵害は明白」としてヤフーに検索結果11件の削除を命じる仮処分決定などを出していました。これらの決定を受けて、ヤフーが東京高等裁判所に抗告していたわけですが、東京高等裁判所は、当該男性は反社会的集団と関わりがないと認定し、「検索内容に関知していない事業者が、検索結果が真実かどうかなどを立証するのは困難だ」と指摘しながらも、検索結果に公共性や公益性がないことや、検索結果が真実でないことが明らかな場合には、検索事業者が名誉毀損を理由に検索結果を削除すべきだとする判断を示したわけです。

最高裁判所が示した前述の判断基準は、考慮すべき要素について挙げたのみで、社会の関心が薄まるまでの期間や、削除しづらい犯罪の類型などについて示しませんでした。刑事事件の被告人になったり、刑事罰を受けたりといった事実が、その時点では公益性が高く公表されるべきなのはもちろんですが、相当の時間が経過してくると、社会の一員として復帰し平穏な生活を送ろうと思っている本人にとり重大な障害となることも事実です。その一方で、簡単に情報の削除を認めることは、検索サイトの表現の自由を脅かすのみならず、検索結果が誰も知らないうちに社会的な検証を受けることもなく消えてしまい、インターネット利用者が、削除が妥当かどうかを確かめることもできないという事態を招くおそれがあります。どのような場合に削除が認められるのか、具体的な線引きについては、今後の事例の蓄積を待つしかありませんが、裁判例が積み重なり、削除が認められる類型、認められない類型が明確化されていく中で、削除のルールが確立され、スムーズな削除依頼や対応が実現されていくことを期待したいところです。

サジェストの削除

相談者は、検索結果のみならず、サジェスト機能により提示される言葉についても問題にしています。検索エンジンでは、サジェスト機能といって、検索したいキーワードを入力すると、そのキーワードに関連の深い言葉を予測して表示する機能が提供されています。たとえば、グーグルで「東京地方裁判所」と検索すると、「立川支部」、「裁判官」、「住所」、「電話番号」などの関連する言葉が表示されます。より速くより効率的に検索ができるという点で、大変便利な機能ですが、相談者のように表示してほしくない言葉が表示されることにより不利益を受ける場合もあり、表示の差し止めや損害賠償を求める訴訟も起きています。

東京地方裁判所は、2013年4月15日、グーグルのサジェスト機能で身に覚えのない犯罪への関与を連想させる単語が表示されて名誉が毀損されプライバシーが侵害されたとして、グーグルに表示差し止めと慰謝料の支払いを求めた事案で、原告の主張を認め、グーグルに対し、表示差し止めと30万円の慰謝料支払いを命じました。原告が、「就職活動中に突然採用を断られたり、内定を取り消されたりするなどした」と訴えたのに対して、グーグルは「機械的に抽出された単語を並べているだけで責任を負わない」と主張しましたが、裁判所は、判決の中で「違法な投稿記事を、簡単に閲覧しやすい状況を作り出したまま放置し、男性の社会的評価を低下させた」として、グーグルの主張を退けています。しかし、その第2審判決（2014年1月15日）では、東京高等裁判所が、単語だけで男性の名誉が毀損されたとはいえず、男性の被った不利益が表示停止による他の利用者の不利益を上回るとはいえないとし、第1審の判決を破棄して、原告の請求を棄却しています。同判決に対しては、上告がなされ、同様にサジェスト機能に関する削除について合計4件の上告・上告受理申立事件が最高裁に係属していましたが、最高裁はこれらのすべての事件について、2017年1月31日に上告棄却・不受理決定を行い、削除を求める原告の請求が棄却される形での判決が確定しています。

サジェスト機能は、検索エンジン運営会社のサーバーに蓄積されたデータを機械的に分析した上で、ある特定の単語との組み合わせで検索される頻度が高い単語を自動的に表示する仕組みです。このため、検索エンジンの運営会社が、検索入力されたキーワードに対し、犯罪歴などの否定的な単語をサジェスト機能で表示しても、運営会社そのものがキーワードに対して否定的な意思を表示したことにはならないとも考えられます。また、キーワードとサジェスト機能によって表示される言葉との関連性が、必ずしも明確ではないといった指摘もあります。このようなことから、サジェスト機能によって表示される言葉が、名誉毀損やプライバシー侵害などに該当することは、例外的な場合に限られるのではないかと考えられます。もちろん、サジェスト機能は、否定的な言葉が表示されることにより、検索エンジンの利用者が違法な表現が含まれるウェブページに到達することを容易にしてしまう側面があり、そのような状態が放置されることにより特定の人が被る不利益が大きくなる場合には、救済する必要性が高いとも考えられますが、前述のとおり、最高裁判所では、現在のところサジェスト機能に関する削除請求は認められておりませんので、今後の判断の蓄積を待つしかないと思われます。

インターネットの功罪

ここまで述べてきたように、インターネットの普及によって、国民の表現の自由と知る権利は、質、量ともに飛躍的に拡大しました。ニュースとして報道される内容はもちろん、個人的な発言であっても、内容によっては大きな注目を集め、ブログやツイッターといったネット上の手段を通じて、飛躍的に拡散していくことは今や当たり前です。特に、「まとめサイト」などに転載されると、際限なくコピペが繰り返されることになり、拡散に歯止めがきかなくなります。こうした状況において、特に大きな役割を演じているのがグーグルやヤフーといった検索エンジンです。現在、ウェブ上での情報の発信と受領をマッチングさせるのに不可欠なインフラとして機能しており、そういった情報の中には、個人情報ではあっても非常に公益性が高いものも含まれていることは言うまでもありません。他方、爆発的な速度で情報を拡散し、それを半永久的に記録して人々に情報を提供し続けるという、インターネットの持つ性質自体が、検索エンジンの存在と相まって、深刻なプライバシー侵害を引き起こしたり、名誉を傷つけたりする現象も頻繁に発生しています。そのために、前述のような、インターネット上に掲載された個人情報の削除を求める「忘れられる権利」への関心が近年高まっているわけです。

これまで見てきた通り、従前の裁判例やヤフーの削除基準などを踏まえると、相談者のケースでも、10年前の軽微な暴行罪での逮捕歴だけであるということや、一般的なサラリーマンであることなどから、検索エンジンの運営企業に対して削除を要請すれば、逮捕歴が分かるタイトルやスニペットなどについての削除が認められる可能性はあると思われます。もちろん、今回ご紹介したように、最高裁判所が削除に対して、比較的厳しい判断を行ったことを踏まえると、相談者のケースについても削除が認められない可能性は決して否定できません。しかし、最高裁判所の判断は、あくまでも当該個別の事案に対する判断にすぎず、同事案より比較的軽微である相談者の事案については、削除が認められる可能性の方が高いのではないかと考えられますので、専門家に相談してみることをお勧めしたいと思います。

CASE2
会社に内緒で副業を始めたいが、何か問題になる？

【相談】

私は、小売り関係の一般企業に勤務しています。若い頃から、忙しい時期は残業も当たり前だと思ってがむしゃらに働いてきました。給与明細を見た妻がびっくりするほど残業代も稼ぎましたし、「あいつは使えるヤツだ」と上司の受けもよかったと思います。ところが最近、風向きが変わってきました。今や残業が多いと、ブラック企業の烙印を押されてしまう時代です。うちの会社も、社長の号令のもと、ワークライフバランスの推進に非常に熱心に取り組み始めたのです。仕事は定時で終え、休日出勤はしないよう通達がありました。おまけに残業が多いと上司から注意され評価にも影響します。私も午後6時になると、いそいそと帰り支度をするようになりました。こういう場合、普通ならば、家族で団らんの一時を過ごすとか、趣味の時間にあてるとかになるのでしょうが、企業戦士として働き続けて来た身としては、物足りなさを感じるばかりです。

そこで、最近よく話題に出てくる「サラリーマン大家さん」になるべく、会社を設立して、不動産を購入し大家さん業を始めようと思いたちました。サラリーマンで安定した収入があると、融資も受けやすいようです。定年退職後は、年金に頼らざるを得ませんが、年金制度が崩壊しても何とか暮らしていけるだけの一定の副収入があれば、老後も安心ですから妻も賛成してくれています。

そこで気になるのが、会社の就業規則に掲載されている、兼業を禁止する旨の規定です。私としては、就職以来、長年お世話になってきた会社の仕事をおろそかにする気などまったくなく、会社が終えた後や、週末の土曜・日曜など、会社の仕事に影響が出ない範囲で働くことを考えているので、特に問題ないだ

ろうと考えているものの、何となく不安です。一時期、「週末起業」という言葉がブームになり、そういったセミナーが開催されたり、雑誌でも特集記事が組まれるなど、サラリーマンの副業に対する認知度は、以前にくらべればはるかに高まってきていると思いますが、私の周りをみわたしても、副業をしていることをおおっぴらにしている人はいないようです。副業を始めることで、会社との関係で何か問題が生じる可能性があるのか、教えてくれますか。

サラリーマンの副業ブーム

最近、「サラリーマン大家さん」という言葉をよく聞きます。一時期ブームになった『金持ち父さん　貧乏父さん』という著作がきっかけとも言われていますが、普通のサラリーマンが、退職後などに備え、勤めている会社を辞めずに、投資用マンションやアパートなどを購入し副収入を得る「大家さん」業を行うということを一般には指すようです。インターネット上では、成功例、失敗例、成功するためのノウハウ等の様々な情報があふれています。

なお、相談に出てくる「週末起業」という言葉も一時よく聞きましたが、「サラリーマン大家さん」と同様に勤務する会社を辞めることはしませんが、「大家さん」業というより、主にインターネットなどの新しいツールを利用し、比較的少ない資本で、在宅中心での起業をすることと定義するのが一般的のようです。いずれも、今ある「本業」に対して「副業」を始める、つまり複数の職業を兼ねること（＝兼業）を意味します。今回は、自ら会社を設立して経営する場合ばかりでなく、他の会社に雇われる形態も含め、広い意味で、本業とは別の副業を持ちその両方を行う「兼業」というものが、法律上どのように問題となるのかについて解説してみたいと思います。

兼業容認の方向性

2017年3月、政府は、「働き方改革実行計画」を公表しました。その中には、「副業や兼業は、新たな技術の開発、オープンイノベーションや起業の手段、そして第2の人生の準備として有効である。我が国の場合、テレワークの利用者、副業・兼業を認めている企業は、いまだ極めて少なく、その普及を図っていくことは重要である。」と明記されており、今後、「労働者の健康確保に留意しつつ、原則副業・兼業を認める方向で、2017年11月には、副業・兼業の普及促進を図る。」と明記されています。これを受け、厚生労働省が、企業が就業規則を制定する際のひな型となる「モデル就業規則」について、副業を認める内容に改正する方針を打ち出すなど、今、社会が、副業や兼業を容認する方向に大きく動き出しているのは明らかです。

もっとも、現時点では、この方向性は企業に浸透しておらず、多くの企業が、本業に支障をきたす、情報漏えいのリスクが増大する、長時間労働のリスクが増大するなどという理由で、副業・兼業禁止としているという現実があります。

2017年1月に実施された、ある副業・兼業に関する企業の意識調査によると、副業・兼業を容認・推進している企業は全体の22.9％にすぎなかったとのことです。他方、欧米では副業・兼業が定着しており、米国では労働力人口の3割に当たる約4400万人が主な仕事とは別にフリーランスとしての収入源を持つと言われています。

ただ、近時、日本でも副業や兼業を積極的に認める施策を行っている企業が次々に現れてきています。2017年末には、ソフトバンク、DeNA、コニカミノルタなどが相次いで副業を容認する姿勢を打ち出し話題になりました。コニカミノルタでは、副業で異業種の経験などを積んだ社員による「イノベーション（革新）創出につなげる」ことを期待しているということです。

図2-1 働き方改革を報じる記事（出典：日本経済新聞2016年12月26日）

正社員の副業 後押し

政府指針、容認に転換

働き方改革

副業・兼業を3段階で後押し

現行		方向性
1 就業規則		
標準モデルは「原則禁止」	→	同業他社などの例外規定に触れない限り、原則解禁
2 政府指針		
副業などを想定した指針は「なし」	→	社会保険料の負担の在り方などを定めた指針を検討
3 社員訓練		
職場内訓練（OJT）を重視	→	職業訓練に特化したコースを設けた大学で訓練

こうした動きの背景には、ピーター・ドラッカーが提唱した「パラレルキャリア」（parallel career）という考え方が若者を中心に広がりを見せつつあることも影響しているようです。就業中の企業の仕事以外にも、副業をしたりボランティア活動をしたりして、生活を充実させる考え方です。もちろん、終身雇用や年功序列などが実質的に破綻し、もはや日本型の雇用システムが実効性を失い、各人が自分の人生設計に対する責任を以前より自覚するようになっているということも背景にあるでしょう。企業にとっても、社員が新たな人的ネットワークを構築したり、専門能力を高めたりすることにより、本業にも良い影響が生まれるというメリットがあると考えられます。

今後、政府の主導で、副業や兼業を容認する企業が増えていくことが予想されるわけですが、まだまだ副業や兼業を禁止している企業が多いという実情を踏まえると、相談者と同様、自分の人生設計を考える中で、副業や兼業を禁止する社内規定の存在に悩む方も多いと思いますので、従来の議論なども含め、副業や兼業禁止がどこまで認められるかについてみていきたいと思います。

企業における兼業に対する姿勢

本来、労働者には、憲法第22条が保障する職業選択の自由（営業の自由・勤労の自由）がありますので、兼業であろうと基本的に自由にできるはずです。ただ、公務員については、職務の公正、中立性及び信頼性といった要請から、兼業は法律によって規制されており、基本的には認められていません。これに対し、民間企業の労働者について、兼業を特に規制する法律は存在しませんから、職業選択の自由についての議論がそのままあてはまりますし、労働契約上も、労働者は「労働時間中に限って」労務の提供を行うことが主たる義務であるため、労働時間外の私生活をどのように利用するかは、労働者にとり、原則的に自由ということになるはずです。

しかしながら、兼業により、本来の職務がおろそかになることは本末転倒であり、会社の側としても、社員には、会社の職務に専念してもらいたいという思いがあることから、多くの会社の就業規則や労働契約では、兼業を禁止あるいは許可制（「許可なく他の会社等の業務に従事しないこと」、「会社の承認を得ないで在籍のまま他に就職しないこと」などといった条項）として、たとえ、所定の労働時間外の兼業についてであっても、一定の制限をしているのが実情です。そのため、兼業の問題は、労働者が兼業をした際に、上記兼業禁止規定に抵触したとの理由により、企業から何らかの懲戒処分が行われた場合において、当該処分が果たして有効なのかという形で、法的問題となってきます。

兼業禁止規定自体の有効性

一般に、懲戒事由に該当すると認められるためには、(1) 就業規則や労働契約上の兼業禁止規定自体が有効であること、(2) 兼業禁止規定自体が有効であったとしても、同規定が具体的事案に適用されることが適当であることの2つの検討が必要になります。そして、(1) の就業規則や労働契約上の兼業（副業）禁止規定自体が有効であるかとの問題は、憲法で保障された重要な権利である営業の自由（職業選択の自由）を制約することは公序良俗に反して、そもそも無効ではないかという問題意識から出てくるものです。

多くの裁判例では、兼業禁止規定自体は有効と判断

兼業禁止規定の有効性につき、多くの裁判例は、事情のいかんを問わずに絶対的に兼業を禁止するような内容でない限り、規定自体の合理性は認め、就業規則の兼業禁止規定は有効であると判断しています。

東京地方裁判所・1982年11月19日決定は、事務員として会社に勤務していた者が、会社の勤務時間である午前8時45分から午後5時15分までの勤務（本社・外回りの社員・顧客からの電話連絡の処理、営業所内の清掃、本社と営業所との通信事務、営業所内の書類整理など）を終えた後、午後6時から午前0時まで、キャバレーでホステスや客の出入りをチェックするリスト係、または会計係として勤務したことが問題となった事案です。会社は、この就労の事実を知り、会社就業規則（会社の承認を得ないで在籍のまま他に雇われたとき）に該当しているとして解雇し、裁判に発展したわけですが、裁判所は、次のように判示して、会社の主張を認めています。

「法律で兼業が禁止されている公務員と異なり、私企業の労働者は一般的には兼業は禁止されておらず、その制限禁止は就業規則等の具体的定めによることになるが、労働者は労働契約を通じて一日のうち一定の限

られた時間のみ、労務に服するのを原則とし、就業時間外は本来労働者の自由であることからして、就業規則で兼業を全面的に禁止することは、特別な場合を除き、合理性を欠く。しかしながら、労働者がその自由なる時間を精神的肉体的疲労回復のため適度な休養に用いることは次の労働日における誠実な労働提供のための基礎的条件をなすものであるから、使用者としても労働者の自由な時間の利用について関心を持たざるをえず、また、兼業の内容によっては企業の経営秩序を害し、または企業の対外的信用、体面が傷つけられる場合もありうるので、従業員の兼業の許否について、労務提供上の支障や企業秩序への影響等を考慮したうえでの会社の承諾にかからしめる旨の規定を就業規則に定めることは不当とはいいがたく、したがって、同趣旨の債務者（筆者注：会社）就業規則第31条4項の規定は合理性を有するものである。」「債権者（筆者注：労働者）が債務者に対して兼業の具体的職務内容を告知してその承諾を求めることなく、無断で二重就職したことは、それ自体が企業秩序を阻害する行為であり、債務者に対する雇用契約上の信用関係を破壊する行為と評価されうるものである。」「兼業の職務内容は、債務者の就業時間とは重複してはいないものの、軽労働とはいえ毎日の勤務時間は6時間にわたりかつ深夜に及ぶものであって、単なる余暇利用のアルバイトの域を越えるものであり、したがって当該兼業が債務者への労務の誠実な提供に何らかの支障をきたす蓋然性が高いものとみるのが社会一般の通念である。」などと述べ、会社による解雇は有効であると判断しました。

どのような行為が兼業禁止規定に違反するのか

上記東京地方裁判所決定の事案では、結論として、兼業禁止を理由とした解雇が認められていますが、一方で同決定において指摘されているように、「労働者は労働契約を通じて一日のうち一定の限られた時間のみ、労務に服するのを原則とし、就業時間外は本来労働者の自由である」

わけですから、従業員が何か兼業をすれば、当然に同規定に該当するという判断にはなりません。つまり、兼業禁止規定自体が有効であるとしても、同規定が適用されることが適当であるか否かにつき、当該行為の性質、態様を考慮したうえで、兼業禁止規定を限定的に解釈して、適用の当否を考えなければならないということです。

裁判所は、「会社の企業秩序に影響せず、会社に対する労務提供に格別の支障を生ぜしめない程度のものは含まれない」(浦和地方裁判所・1965年12月16日判決)とするなどして、基本的に、兼業禁止規定を限定的に解釈しています。つまり裁判では、会社の職場秩序に影響せず、かつ会社に対する労務の提供に格別の支障を生ぜしめない程度・態様の兼業は、兼業禁止規定の違反とはいえないとする一方、そのような影響・支障が認められるものは禁止規定に違反し、懲戒処分の対象となるとしているわけです。

具体的に見てみると、前述した東京地方裁判所決定でも、形式的な兼業禁止違反行為があっただけで規定違反に該当すると判断してはおらず、兼業の職務内容が、軽労働とはいえ毎日の勤務時間は6時間という長時間に及び、しかも深夜にまで及ぶものであるとの「実態」をみた上で、当該兼業が本業における労務の誠実な提供に何らかの支障をきたす可能性が高いという事情があったことから、兼業禁止規定に該当することを認めて、懲戒処分を有効としているという点に着目すべきなのです。

兼業禁止規定違反とされた他の事案

ほかに兼業禁止違反とされた裁判例としては、病気による休業中に、オートバイ販売店を開業して経営していたという事案があります。この事案について、東京地方裁判所八王子支部・2005年3月16日判決は、「原告が本件オートバイ店開店に至る動機、申請等の名義、開店にあたっての原告のリスク、営業状況等の諸事情を併せ考慮すると、本件オートバイ店は、原告が、家族の生活を維持するために、自ら開店、経営し、原告の労働力なしではその営業が成り立たないものであり、原告には、長期にわたる経営意思があって、もはや、今後、被告において就労する意思はなかったものと認めるのが相当である。そうすると、原告が、被告から給与を一部支給されたまま本件オートバイ店を開店・営業していた行為は、会社の職場秩序に影響し、かつ被告従業員の地位と両立することの出来ない程度・態様のものであると認めるのが相当である」としたうえで、「原告の本件オートバイ店経営・就労は、就業規則53条3項8号の懲戒解雇事由である『会社の承認を得ないで在籍のまま、他の定職に就いたとき』に当たり、原告には就業規則上の懲戒解雇事由が認められる」として、懲戒解雇を認めています。

さらに、労働者が、使用者と競業関係に立つ他の会社の取締役に就任した場合、たとえその労働者が会社の経営に直接関与していなかったとしても、使用者の企業秩序を乱し、また乱すおそれが大であるから、右の労働者に就業規則の規定（「会社の承認を得ないで在籍のまま他に雇入れられ他に就職した者」を解雇する旨の規定）を適用して解雇することができるものとした判例（名古屋地方裁判所・1972年4月28日判決）などもあります。

兼業禁止規定違反とならなかった事案

一方、兼業禁止規定違反と認定されなかった裁判例としては、以下のような事案があります。

(1) 病気休職中の女子工員が知人の依頼により、かつ復職にそなえて体をならすために10日間、1日に2、3時間工場を手伝ったという事案について、労務の提供に格別の支障を生ぜしめないかぎり懲戒処分は認められないとした事案（浦和地方裁判所・1965年12月16日判決）。

(2) タクシー運転手が、就業前、毎朝、父親の経営していた新聞販売店で2時間新聞配達をしていたことを理由としてなされた懲戒解雇を無効とした事案（福岡地方裁判所・1984年1月20日決定）。

(3) 貨物運送会社の運転手が、年に1、2回の貨物運送のアルバイトをしたことを理由とする解雇に関し、アルバイト行為が業務に支障をきたしておらず、職務専念義務違反とまでは言えず無効とした事案（東京地方裁判所・2001年6月5日判決）。

(4) 就業時間が午前8時から翌日の午前2時までで、勤務終了の日が非番日となっているタクシー会社の乗務員が、会社に無断で、非番日の午前8時から午後4時45分まで輸出車の移送、船積み等をするアルバイトを1ヶ月平均7、8回行っていたという事実関係について、「債務者（筆者注：タクシー会社）が債権者（筆者注：乗務員）に対し何らの指導注意をしないまま直ちになした解雇は（懲戒解雇を普通解雇にしたとしても）あまりに過酷であり、解雇権の濫用として許されない」とした事案（広島地方裁判所・1984年12月18日決定）。

裁判例からみる基準の整理

以上を整理すると、就業規則における兼業禁止規定がまったくの無限定であるとか、適用範囲が広範囲に及ぶような場合には、兼業禁止規定自体が無効となることもあり得ますが、むしろ、多くの場合には、兼業禁止規定自体は有効としつつ、当該事案において、兼業内容の期間や時間の長短、会社の勤務に支障が生じるか否か、兼業の態様や営利性などの観点を踏まえて、当該兼業禁止規定が適用される場面を「会社の企業秩序に影響せず、会社に対する労務提供に格別の支障を生ぜしめない程度のものは含まれない」と限定的に解釈しつつ、個別具体的な事情をふまえて判断がなされていると考えられます。また、たとえば競合他社での兼業のように、会社の営業技術やノウハウが漏えいされるような兼業や、兼業として違法な仕事をするなど、会社の信用や品位を害するものなどについては、兼業禁止規定が適用されると考えられます。

副業を始めるならきちんと社内手続きを取ってから

本相談では、相談者の会社の就業規則における兼業禁止規定の内容は明確ではありませんが、前記のとおり、当該規定自体が無限定で無効とされることは通常ありませんので、兼業禁止規定自体は有効であるという前提で考えた方が良いと思います。そして、その場合、たとえば、会社が他の社員も含めて一定の兼業を黙認してきたというような社内慣行がある場合（兼業禁止規定が有名無実化しているような場合）はもちろん、前述の判例の傾向としての「会社の企業秩序に影響せず、会社に対する労務提供に格別の支障を生ぜしめない」形での兼業である限りにおいて、兼業禁止規定に違反しているとまでいうことはできず、これを理由として会社が懲戒処分にすることは難しいことになります。

相談者は、「就職以来、長年お世話になってきた会社の仕事をおろそかにする気などまったくなく、会社が終えた後や、週末の土曜・日曜など、会社の仕事に影響が出ない範囲で働くことを考えている」とのことであり、また、本業である小売り関係の会社の業務と競業するものでもなく、会社の営業技術やノウハウが漏えいされる恐れもありませんから、相談者が、兼業禁止規定に違反しているとして懲戒処分を課される可能性は低いと考えられます。

ただ、会社の就業規則に、兼業禁止が明示されているにもかかわらず、社内手続きを取らずに無許可で兼業を行うことが、形式上、就業規則違反となることは明らかです。前述のように、兼業禁止規定自体の有効性が多くの裁判で認められている以上、勝手に自分で「会社の企業秩序に影響せず、会社に対する労務提供に格別の支障を生ぜしめない」兼業だから問題ない、会社に報告する必要はないと判断してしまうのは問題があると言わざるを得ません。やはり、兼業を行なう場合は、就業規則に従った社内手続きをきちんと取り、上記のように、会社が実質的に禁止しているような類いの兼業ではないという事実を十分に説明し、会社側からの事前の承諾を得てから、業務を開始するべきです。相談の事案であれば、仮に就業規則違反を理由に会社から懲戒処分を受けても、おそらく裁判で争えば勝てるでしょうが、そのような無用なトラブルや負担を、あえて背負う必要はまったくないと思います。

CASE3
自宅を利用して民泊を始めたいが、何に気をつければいい？

【相談】

私は30歳のインテリアデザイナー。都内の事務所で働いています。私の場合、忙しい時は徹夜も当たり前なのですが、仕事と仕事の合間には結構まとまった休みがとれます。学生の頃から旅行が好きで、こつこつお金を貯めては、長期休暇のたびに海外へ出かけてきました。いろいろな地域に出かけて、さまざまな国の人と交流するのが楽しみなので、滞在先はもっぱらゲストハウスやユースホステル。ホテルに泊まることはほとんどありません。今年2月にもニューヨークに行き、2週間滞在しました。その際、最近話題になっているインターネットのサービス「Airbnb（エアビーアンドビー）」を初めて利用してみました。貸したい部屋と借りたい旅行客を仲介する、アメリカ発の民泊サービスのことで、旅行好きの友人のほとんどが利用した経験があったため、思い切って利用してみることにしたのです。

滞在した場所はマンハッタンから少し離れていましたが、緑豊かで治安も問題ありません。アメリカでデザインの勉強をした学生時代に戻ったかのような気分でニューヨークを満喫しました。「子供はみんな独立したので、若いお客は大歓迎だよ」という50代後半の家主さんとも仲良くなり、一緒にお酒を飲みに行ったり、おすすめの観光スポットを教えてもらったりと、楽しい時間を過ごすことができました。ニューヨークはホテルの宿泊料が高いことで有名ですが、個人宅を利用したことで料金もずいぶん安く抑えることができました。帰国からしばらくたちますが、あのときの楽しかった経験が忘れられません。

そこで最近、自宅マンションの一室を旅行客に貸し出せないかと考え始めました。部屋の１つはほとんど使っておらず、それを旅行客に貸し出すことがで

きれば、国際交流ができる上に収入にもなります。また、将来のことを考え、副業として本格的に事業展開することも検討したいと思います。そこで教えて欲しいのですが、民泊を始める上で、法律上どんな問題をクリアしなければならないのでしょうか。民泊を始める上で気をつけるべきことについて教えてください。

民泊サービスの広がり

自宅やマンションの空き部屋などの一般住宅を、宿泊施設として貸し出し、旅行客を有料で泊める「民泊サービス」が広がりを見せています。背景には、モノやサービスを個人間でやりとりしたり、共有したりする「シェアリングエコノミー」という新たなビジネスモデルの登場があり、その1つがアメリカで2008年に誕生した、「Airbnb」(エアビーアンドビー)に代表される、自宅の空き部屋を貸したい人と宿泊先を探す旅行者とを仲介するサービスです。これにより、ホテルや旅館ではなく「他人の家」に泊まるという、新しい選択肢が生まれました。相談者も指摘しているように、部屋を提供する側は空いている部屋を有効活用できます。一方、旅行者の側には宿泊料を安く抑えられ、その国の地元の人々の暮らしを体験できるというメリットがあります。

このため、近時、Airbnbと類似のサービスを行う企業は次々と登場しており、東京だけでなく、全国で民泊ビジネスが注目され、民泊専用に部屋を購入・貸借する例も出てきました。他方、許可などを受けないまま民泊を営業しているケースも多く見受けられ、地域によっては、社会問題となるという負の側面も目立ってきています。ゴミ出しや騒音などを巡って近隣住民とトラブルになるケースや、知らない人が出入りすることで、マンション内のセキュリティーに不安を覚える住民も出てきており、各地のマンションでは、管理規約に民泊を禁止する条文を盛り込む動きが出てきたほか、マンションの管理組合が民泊を営業していた部屋の所有者らに対して営業の差し止めと損害賠償を求める訴訟も起きています。他にも、偽造カードでATMから現金を不正出金していた窃盗グループが民泊を滞在拠点としていたケースや、家主が宿泊した女性に乱暴して逮捕される事件まで発生しています。

こうした中、政府は、民泊サービスの普及を図るため、従来の旅館業法を、一部緩和したほか（枠組①）、国家戦略特別区域法に基づく旅館業法の特例制度を活用した民泊（特区民泊）を認め（枠組②）、さらには新たに、都道府県知事への届出によって、旅館業法上の許可がなくても民泊営業ができるよう「住宅宿泊事業法」（いわゆる「民泊新法」）を定めるなど（2018年6月15日施行、枠組③）、民泊には、3つの枠組が併存する事態となっており、民泊ビジネスはまさに転換期を迎えつつあります。そこで、規制緩和によって生まれた、これらの3つの枠組の内容については後ほど説明するとして、まずは、従来、新しいビジネスに立ちはだかってきた「業法」である旅館業法で、民泊がどのように扱われ、それがどのように変わってきたのか説明したいと思います。旅館業法がなくなったわけではなく、本格的に宿泊サービスを実施しようとする場合、知らなければならない法律ですので、自分は民泊だけやれれば十分という方でも、概略くらいは知っていた方がよいかと思います。

旅館業法の適用基準

旅館業法では、旅館業には「宿泊料を受けて、人を宿泊させる営業」（ホテル営業、旅館営業、簡易宿所営業及び下宿営業）が該当すると規定されています。そして、この旅館業を行う場合、都道府県知事（保健所を設置する市・特別区では市区長）の許可を受けなければならないと規定されています。また「宿泊」とは「寝具を使用して施設を利用すること」と規定されています。

たとえば、友達をただで泊めてあげる、といったことなら「旅館業」にはなりませんが、有料で（＝宿泊料を受けて）、社会性を持って継続反復している（＝営業）、つまり繰り返しビジネスとして運営する場合には、許可が必要になるわけです。仮に宿泊料を、体験料、室内清掃費などの名目で徴収したとしても、実質的に部屋の使用料とみなされるものは「宿泊料」に当たります。また社会性の有無は、「不特定多数」を宿泊させる、広く一般に宿泊者を募集しているなどの事情で判断されます。ちなみに、「土日限定」「夏季限定」などとして宿泊サービスを提供しても、継続性があるとみなされます。ただし、厚生労働省の通達では「年1回（2～3日程度）のイベント開催時であって、宿泊施設の不足が見込まれることにより、開催地の自治体の要請等により自宅を提供するような公共性の高いもの」は、「イベント民泊」とされ、旅館業法の適用は受けずに住宅を貸し出すことができます。また、農林漁業者の運営する施設に宿泊する「農家民泊」については、旅館業法の適用は受けるものの、面積基準の要件が緩和され、後述する建築基準法や消防法でも特例扱いがなされています。

なお、旅館業の許可は、「ホテル」「旅館」「簡易宿所」「下宿」の4つに分類されていましたが、2017年12月8日に改正旅館業法が成立し（同年12月15日公布）、ホテルと旅館の営業許可が一本化され「旅館・ホテル」となったため、現在は3つに分類されています。そして、それぞれのカテゴリーごとに、客室の床面積、客室数、玄関帳場（フロント設備）など、施設の満たすべき基準が旅館業法施行令や各地域の条例によって細かく定められています。この許可を受けずに行った場合は、「6月以下の懲役又は3万円以下の罰金に処する」とされていましたが、改正法により罰金の上限額は100万円に引き上げられています。実際に、こうした無許可の民泊の摘発が近年相次いでおり、2014年5月に東京都足立区で自宅の一部を旅行客に提供していた英国籍の男性が旅館業法違反の疑いで逮捕されたほか、2015年12月には京都で、2016年4月には大阪で摘発事例が出ています。

「簡易宿所」の規制緩和とその限界

以上述べたような規制の中、2016年4月、旅館業法施行令が改正され、旅館業法の許可を取りやすくするため、「簡易宿所」の満たすべき基準が緩和されました。「簡易宿所」にはカプセルホテル、ユースホステルやゲストハウスのドミトリーなどがありましたが、ここに民泊も含まれる、としたわけです。そして、これまでは一律に33平方メートル以上としてきた面積基準を、「宿泊者が10人未満の場合、1人当たり面積3.3平方メートル」と緩和しました。たとえば定員が3人なら9.9平方メートルあれば条件がクリアできるようになったわけです。また、従来、厚労省から各自治体への通知という形で、簡易宿所にもフロントの設置を求めていたため、それに応じて多くの自治体が条例でフロントの設置を義務付けていました。今回、宿泊者が10人未満の小規模な施設に関しては、フロントの設置を要しない旨の通知改正が行われました。これら基準緩和により、ワンルームマンションでも、民泊を営業することが可能となったのです。

ただし、こうした基準が緩和されても、実際に民泊サービスを行う場合には、限界があります。宿泊施設には、建築基準法と消防法で一般住宅とは異なる特別な規制が課せられるためです。このあたりの詳細については割愛しますが、民泊を始めようと思っている建物の場所が「ホテル、旅館」の用途利用ができる地域になければならないとか、マンションの一部で民泊を行う場合、建物全体の面積と民泊部分の面積によって必要となる消防設備が異なってくることから、場合によっては、マンション内のすべての部屋に自動火災報知機を設置しなければならないなどです。また、一軒家ではなく、賃貸マンションの1室を貸し出す場合には、賃貸借契約やマンションの管理規約上の制約も出てきます。

「特区民泊」がスタート

2016年1月には、東京都大田区で「大田区国家戦略特別区域外国人滞在施設経営事業に関する条例」が施行され、国家戦略特区の規制緩和を活用した「民泊」が全国で初めてスタートしました。この「特区民泊」は、外国人滞在客の拡大に対応するために、2013年の国家戦略特区法（特区法）制定と同時に設けられた特例のルールです。特区法では、国が国家戦略特区として指定した区域内で、民泊に関する区域計画を策定し、その計画が内閣総理大臣に認められれば、区域内で都道府県知事や市長、区長の「認定」を受けることで、旅館業の許可を得ずに、民泊ビジネスが可能となることが定められています。建築基準法上も、「ホテル、旅館」扱いとはならず、「住宅」扱いとなります。

制度が設けられて以降、なかなか条例を制定する自治体が現れませんでしたが、2015年12月に大田区議会で条例が制定され、ようやく制度の実働に至りました。具体的な認定要件については、各自治体の条例や施行規則、ガイドラインによって定められていますが、宿泊施設の所在地が国家戦略特別区域内にあることは当然として、ポイントとなるのは、宿泊施設の滞在期間が（2泊）3日～（9泊）10日までの範囲内で自治体が定めた期間以上であるという点です。この要件によって、ビジネス出張など短期宿泊客のニーズに対応しづらいというデメリットが指摘されています。

その後、大阪府、大阪市、北九州市、新潟市などでも同様の条例が制定され、特区民泊がスタートしましたが、いずれにしても、特区民泊を利用できる地域は非常に限定されているため、相談者のように、住んでいるマンションの一部屋を旅行客に貸し出すことで国際交流ができ、ちょっとした副収入にもなるという感じで、民泊サービスを気軽に提供していけるような状況にはありませんでした。

民泊新法が国会で成立

こうした中、「住宅宿泊事業法」（民泊新法）が、2017年6月に国会で成立しました。同新法は、同法に定義する「住宅」についてホテルや旅館とは異なる取扱いをするとして、旅館業法の適用の範囲外とすることを認めています。そして、民泊に関わる事業を、①住宅宿泊事業、②住宅宿泊管理業、③住宅宿泊仲介業の3つに分け、それぞれに規制を課しています。以下、細かく解説していきます。

住宅宿泊事業は年180泊が上限

住宅宿泊事業とは、(1) 旅館業法上の営業者以外の者が宿泊料を受けて住宅に人を宿泊させる事業であって、(2) 人を宿泊させる日数として省令で定めるところにより算定した日数が1年間で180日を超えないものをいいます。

(1) について、宿泊させる施設は「住宅」であることが前提です。「住宅」とは、①当該家屋内に台所、浴室、便所、洗面設備その他生活の本拠として使用するために必要な設備が設けられている、②現に人の生活の本拠として使用されている家屋又は従前の入居者の賃貸借期間の満了後新たな入居者の募集が行われている家屋で、人の居住の用に供されていると認められるもの、と定義されています。

(2) については、住宅宿泊事業を旅館業法と区別する観点から、180日の要件が設けられたわけですが、この期間制限こそが新法の最大の特色と言えます。180日を超える場合には、従来の旅館業法に基づく営業許可が必要となります。また、特区民泊のような、最低宿泊日数の規制はありません。なお、都道府県や政令市は、騒音など生活環境の悪化を防ぐため、条例で区域を限って営業日数を制限できるとしています。ちなみに、新法では、住宅宿泊事業を行うためには、都道府県知事への「届け出」が必要ですが、従来の旅館業法においては「許可」が必要となっており、参入へのハードルは低くなっています。

そして、住宅宿泊事業者は、次のような義務を負うことになります。(a) 居室の床面積に応じた宿泊者数の制限、定期的な清掃その他宿泊者の衛生の確保を図るために必要な措置を講じる、(b) 非常用照明器具の設置など、災害発生時に宿泊者の安全確保を図る、(c) 外国人観光客の宿泊者に対し、設備の使用方法に関する案内や交通手段等に関する情報を外国語で提供する、(d) 宿泊者名簿を設置し、都道府県知事の要求があったときは提出する、(e) 宿泊者に対して、騒音や周辺環境への悪影響の防止に関して必要な事項を説明する、(f) 周辺地域の住民から苦情や問い合わせがあった場合、適切かつ迅速に対応する、(g) 民泊住宅と分かるよう見やすい場所に標識を掲示する。

なお、住宅宿泊事業は「家主居住型」と「家主不在型」の２つの類型があります。家主居住型は、ホームステイのような形態を想定しており、上記の住宅管理業務を家主が行います。一方、家主不在型は、家主が遊休資産の不動産を民泊として有効活用する場合や、出張や旅行で不在とする場合を想定しており、家主は標識の掲示を除いた住宅の管理業務を住宅宿泊管理業者に委託することが義務付けられています。これらの業務遂行については、都道府県知事による報告徴収や立入検査の対象となり、また業務改善命令、業務停止命令、業務廃止命令の監督処分に服する可能性があるということも定められています。

住宅宿泊管理業とは

住宅宿泊管理業は、家主不在型の住宅宿泊事業者から委託を受け、報酬を対価として、住宅宿泊事業の適正な実施のために届出住宅の維持保全を行う事業のことです。住宅宿泊管理業を営もうとするものは、国土交通大臣の「登録」を受けなければなりません。住宅宿泊管理業者は、家主不在型の住宅宿泊業者に代わって前述した義務を負うほか、名義貸しの禁止、誇大広告の禁止、不当な勧誘等の禁止、管理受託契約の締結前・締結時の書面交付義務、受託事業の全部の再委託の禁止等の義務を負います。これらの業務遂行については、国土交通大臣または都道府県知事による報告徴収や立入検査の対象となり、業務改善命令、業務停止命令、登録取消措置の監督処分に服する可能性があります。業務停止命令または登録取消措置がとられた場合、その措置が公表されます。

住宅宿泊仲介業とは

住宅宿泊仲介業は、宿泊者と住宅宿泊業者との間の、宿泊契約の締結について代理、媒介、取次ぎ等を行う事業と規定されています。つまり、前述のAirbnbなど自宅の空き部屋を貸したい人と宿泊先を探す旅行者とを仲介するサービスのことです。住宅宿泊仲介業を営むには、観光庁長官の「登録」を受けなければならず、これは日本に主たる事務所をもたない外国住宅宿泊仲介業者についても同様と規定されています。住宅宿泊事業者は、宿泊者との間の宿泊契約の締結を住宅宿泊仲介業者または旅行業法上の旅行業者に委託しなければならないと規定されているため、無登録の業者のサイトに物件情報を掲載すると法令違反となります。住宅宿泊仲介業者は、名義貸しの禁止、不当な勧誘の禁止、住宅宿泊仲介契約の契約締結前の書面交付義務を負います。また、宿泊者と締結する仲介業務に関して住宅宿泊仲介約款を作成し、観光庁長官に届け出なければならず、住宅宿泊仲介業務に関する料金を定めて開示しなければなりません。無届けの物件を掲載するなど、違法行為のあっせん等は禁止されています。これらの業務遂行については、観光庁長官による報告徴収及び立入検査、ならびに監督処分の対象になります。

図3-1 民泊新法の全体像

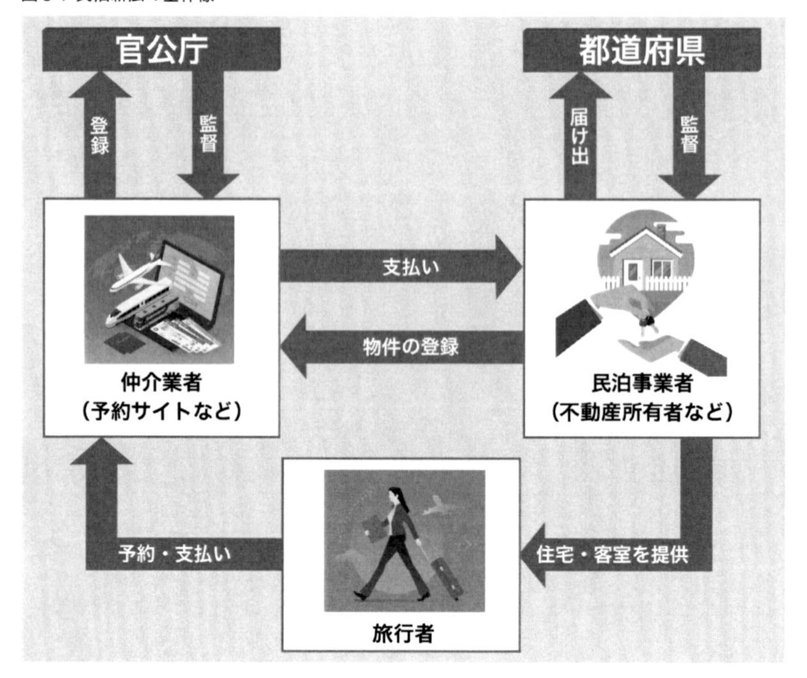

観光庁によるガイドライン

観光庁は2017年12月26日、民泊新法について策定した施行要領(ガイドライン)を発表しています。民泊新法は全国的に一定のルールを作ることにより、健全な民泊サービスの普及を図ることを目的としており、ガイドラインでは、法に関わる解釈や留意事項等を取りまとめています。詳しくは、観光庁のホームページを参照して欲しいと思いますが、注目すべきなのは、「0日規制」について、法の目的を逸脱するものであって適切ではないという考えを示したことです。

「0日規制」とは、条例によって上限日数を「0日」とし民泊営業を全面禁止とすることです。つまり、民泊新法第18条は、都道府県や政令市が、条例で区域を限って営業日数を制限できるとしていますが、ガイドラインでは、同法の解釈として、合理的と認められる場合には民泊の実施を制限できるが、事業の実施そのものを制限するような過度な制限を課すべきではないとしているわけです。

民泊の広がりに期待

これまで述べてきたとおり、訪日外国人観光客の増加に伴い宿泊需要が高まる中、民泊の数も急増していましたが、違法状態で営業しているケースが多数を占め、放置されている状況でした。旅館業法は、1948年に施行された法律であり、情報通信技術の進展や、利用者のニーズの多様化などを想定しておらず、インターネットを使ったビジネスモデルとの乖離は大きくなっていました。

新法は、悪質物件の淘汰やトラブル抑止を目的としており、届け出を怠るなど法令に違反した場合は、業務停止命令や事業廃止命令を受け、従わない場合は6ヶ月以下の懲役または100万円以下の罰金が科されることになります。

近年、冒頭で述べたように、騒音トラブル、宿泊者のマナー問題、治安の悪化などから近隣の住民が反発するケースも多かったため、新法の施行によって、民泊の普及促進につながると期待されています。

冒頭に述べたように、今後は、「従来の旅館業」「特区民泊」「民泊新法」という3つの枠組によって民泊が営まれることになります。旅館業法においては、建物の設備基準や消防設備基準がより厳しいことや、住居専用地域での事業はできない一方で、年間を通して営業が可能です。特区民泊は、対象地域が限定的ですし、最低宿泊日数の規制があります。民泊新法においては、都道府県への届け出となり、住居専用地域で事業ができる一方で、営業日数は最長でも年間180日以内となります。どの方法も一長一短あり、いずれの方法をとるべきなのかは、民泊を実施しようと考えている各人が想定する事業態様をふまえて、個別に判断することになると思われます。

表3-1 各枠組みのメリット・デメリット

	メリット	デメリット
旅館業法	日数に関する制限がなく、年間を通して営業が可能	許可の取得が必要で、設備面で難易度が高い 住居専用地域での事業ができない
特区民泊	区域内で都道府県知事や市長、区長の認定でOK	対象地域が限定的、最低宿泊日数の規制（2泊3日以上）
民泊新法	都道府県への届け出でOK、住居専用地域で事業が可能	年間の営業日数は最長でも年間１８０日以内

相談者の副業としての意義

相談者は、自宅の中の空いている部屋を活用して、民泊を始めたいとのことです。このいわゆる「ホームステイ型」の民泊は、現行法では旅館業法の規制を受けるため、実際に始めるためのハードルは高かったと言えますが、民泊新法の枠組みで、国際交流などの趣味を兼ねて、副業的に行うことは容易になります。欧米では、個人が自宅の一室に旅行客を泊める「ホームステイ型」の民泊が主流だといいます。相談者がニューヨークで出会った大家さんなどは、その典型だと思います。休眠資産の活用と、外国人との交流が主な目的であり、こうした民泊サービスが広がれば、個人が資産を活用して収入を得るだけでなく、日本の観光にも新たな魅力が加わります。今後、民泊が普及していくことで、新たな旅行スタイルが生まれ、それによって地域や経済が活性化することを期待したいところです。

なお、近時の民泊ビジネスの進展は、より大きな視点で考察すれば、IT技術の発展により実現したシェアリングエコノミーという、ビジネスのパラダイムシフトの一環と捉えることにより、さらなる可能性を見出すことができると思います。ただ、シェアリングエコノミー型サービスは、日本ではまだ黎明期にあります。Airbnbは、安倍総理の掲げる規制改革の波にうまく乗って、法改正まで実現して順調に事業を進めていますが、他方、アメリカでは既に一般化している自動車配車サービスの「UBER」(ウーバー)は、タクシー業界からの抵抗を受けて、日本では未だに本格的な業務を始めることが出来ない状況にあります。欧州でも、2017年12月、EU司法裁判所が、UBERはタクシーと同じ「運輸サービス会社」との判断を示し、EU加盟国がUBERに対して、タクシー会社と同様の規制を適用することを認めるなど、世界中で既得権益業界とのせめぎ合いが続いています。

ただ現状では、企業が提供する従来型のサービスと同様の支持を得ているとまでは言い難い状況ながらも、サービスの品質をインターネット上での口コミ評価によって担保するという、これらC2C型の新たなサービスについて、利用者の理解や共感を得るための取り組みがさらに進んでいけば、近い将来、企業が従業員を通じて消費者にサービスを提供するという、現在の経済活動の仕組みそのものに変革を与える可能性があると、私は考えています。相談者も、民泊に限らずに、シェアリングエコノミーに関わる他のビジネスも含めて、副業としての可能性を探ってみてはいかがでしょうか。将来大化けする可能性のある事業のネタが見つかるかもしれません。

CASE4
逮捕歴や懲戒処分歴、転職時に履歴書に書かないと経歴詐称？

【相談】

私は30代男性。現在職探し中です。私がなぜ求職中かというと、以前在籍していた会社で上司とトラブルになり、会社を辞めたからです。

バブル期入社のその上司は非常に問題の多い人でした。部下には平気で当たり散らすので職場の雰囲気は最悪。少し前まではセクハラやパワハラ、マタハラに当たるようなことも平気でやっていました。まさに嫌われる上司の典型で、私はなるべく関わらないようにしていました。ところがある日、親しくしている同僚が部屋中に響き渡るような声で延々と説教をされているのを見てついに我慢ができなくなり抗議したところ、上司は「何だと！」と言って、私の方ににじり寄ってきました。私は、このままでは殴られると思い、上司を手で払いのけようとしたところ、上司は足を滑らせて転倒、後ろに倒れた時にテーブルに頭をぶつけて、けがをしてしまいました。上司の通報で警察が乗り込んできて、私はいったん逮捕されましたが、警察できちんと事情を説明しましたし、近くにいた同僚も事情聴取に対して状況をありのままに説明した結果、「あとはお互いに話し合って解決してください」と言われて釈放されました。私は、とりあえず謝罪して帰宅したのですが、翌日出社してみると、私が一方的に上司に殴りかかって警察に逮捕されたということになっていました。結局、懲戒委員会が開かれ、会社から正式に降格処分が言い渡されました。事情を知る同僚らは裁判で争った方がいいと勧めてくれましたが、むなしい争いなど続けても仕方ないですし、仮に裁判に勝ってもその上司がいなくなるわけではありません。そこで、特に争わずにその処分を受け入れ、自主退職した次第です。

今悩んでいるのが、次に入社を志望する会社に提出する履歴書にどこまで記

載しなければならないかということです。逮捕歴や懲戒処分歴を書くと面接までいけず、書類で落とされてしまうかもしれません。でも妻からは「書かないと経歴詐称になるって聞いたわよ」なんて言われています。妻にはこれ以上迷惑をかけたくありません。アドバイスをお願いします。

経歴詐称とは

多くの企業には、採用時に学歴・職歴や犯罪歴などを秘匿したり、虚偽の申告をしたりすること、いわゆる「経歴詐称」を懲戒事由としている就業規則があります。これには、履歴書に虚偽の記載をした場合だけでなく、採用面接時に質問されたことに対して虚偽の回答をしたような場合も含まれます。

東京高等裁判所・1991年2月20日判決では、「雇用関係は、労働力の給付を中核としながらも、労働者と使用者との相互の信頼関係に基礎を置く継続的な契約関係であるということができるから、使用者が雇用契約の締結に先立ち、雇用しようとする労働者に対し、その労働力評価に直接関わる事項ばかりでなく、当該企業あるいは職場への適応性、貢献意欲、企業の信用の保持等、企業秩序の維持に関係する事項についても必要かつ合理的な範囲内で申告を求めた場合には、労働者は、信義則上、真実を告知すべき義務を負うというべきである」と判示して、真実告知義務を認めています。

そして、経歴詐称については、一般的に、当事者間の信頼関係を破壊したり、労働力の評価を誤らせて人員の配置・昇進などに関する秩序を乱したりするものとして、懲戒解雇事由に該当すると考えられています。

懲戒事由としての経歴詐称の合理性

東京地方裁判所・1980年2月15日判決は、「被申請人（筆者注：企業）の就業規則が本件の如き経歴詐称に対して懲戒事由をもって臨んでいることの合理性について考えるに、企業は、法律に抵触しない以上、その雇用する労働者の採用条件を自由に定め得るのであり、企業における雇用関係は、単なる労働力の給付関係に止まるものではなく、労働力給付を中核とした継続的人間関係であることに顧みると、企業は、労働者と雇用関係を結ぶに当たって、労働力の評価に関する事項、たとえば、学歴、技能等のみならず労働者の企業への適応性に関連する事項、たとえば、性格、職歴等の事項をも調査し、もしくは、これらの事項についての申告を労働者に対して求め得ることは当然というべく、労働者としても、右の如き申告を求められた場合は、真実の申告をなすべき信義則上の義務があるといわねばならない。労働者が、右義務に違反して企業に入った場合、企業はこれによって、労働者の適正な配置を誤らされ、企業秩序に混乱を生じ、使用者との信頼関係が破壊されるに至ることは当然に予測され得ることであるから、被申請人がその就業規則において、経歴詐称によって雇用された場合は懲戒事由に該当する旨を定めていることには合理性が認められるといえる。」と判示しています。なお、仮に就業規則に経歴詐称が懲戒解雇事由として規定されていないような場合でも、懲戒解雇ではなく、（懲戒処分ではない）普通解雇が可能と考えられています。

重要な経歴の詐称に限られる

ただし、すべての経歴の詐称が問題とされるわけではありません。経歴詐称として問責可能な事由は、労働者の提供する労働力の内容の評価にとって重要な要素である職歴・学歴・犯罪歴といった「重要な経歴」に関する事由に限られると考えられています。

大阪高等裁判所・1962年5月14日判決は、「就業規則にいう、詐称の内容たる『重要な前歴』とは何を指称するものであるかを検討するに、具体の場合にその前歴詐称が事前に発覚したとすれば、使用者は雇入契約を締結しなかったか、少なくとも同一条件では契約を締結しなかったであろうと認められ、かつ、客観的にみても、そのように認めるのを相当とする、前歴における、ある秘匿もしくは虚偽の表示、かようなものを指称する概念であると認めるのが、右規定の趣旨、文言に適合するものと解せられる。」としています。

学歴の詐称の場合

学歴は、会社側にとって採用しようとする社員の能力が不明確な段階では、能力を把握するひとつの重要な判断基準になるものであり、原則として「重要な経歴」に該当すると考えられています。前記大阪高等裁判所の1962年判決も、「最終学歴は人の一生における修学時代の頂点を占めるものであって、ある人の有する知力、能力を必ずしも正確に表現するものとはいえないにしても、一応その判定の目安になると一般的に受け取られており、未知の人の能力評価にあたっては無視できない要素とされ、したがって、一般の公私の採用契約にあたってその表示を要求されない場合は極めて異例に属する。また、使用者は従業員を採用するにあたって知得した最終学歴のいかんを、これを他の主なる職歴とともに採用後における労働力の評価、労働条件の決定、労務の配置管理の適正化等の判断資料に供するのが一般であるから、最終学歴は一般的に重要な前歴に当たるものと解するのが相当である」と判示しています。

なお、通常、学歴詐称は、学歴を真実より高く見せるのが普通ですが、東京高等裁判所・1981年11月25日判決では、大学在学者であるのに、中学卒業と申告して、製鉄会社の現場作業員に応募して採用されたという事案であっても懲戒事由に該当するとしています。同判決は、「通常の使用者であったならば、控訴人が単純作業に堪えるかどうか、比較的低学歴者による現場の指揮統制が適切に行われるかどうか等に疑念を抱き、これをもって特に単純作業のみに従事する労働者としては不採用の理由とするであろう程度のものと考えられる」と判示しています。前述東京地方裁判所・1980年判決が指摘しているように、詐称により、企業において、「労働者の適正な配置を誤らされ、企業秩序に混乱を生じ、使用者との信頼関係が破壊される」ことが問題なのであって、自分を高学歴に見せたかどうかだけが問題ではないということです。

学歴詐称が「重要な経歴」の詐称には該当しないとした例も

ただ、大阪地方裁判所・1994年9月16日判決では、中卒であるにもかかわらず高卒と虚偽の学歴を履歴書に記載した学歴詐称の事案において、会社が高卒未満の学歴の者も採用している事実などから、会社が学歴要件を重視していることには疑問があるとし、「重要な経歴」の詐称には当たらないとしています。また、福岡高等裁判所・1980年1月17日判決は、大学卒業の学歴を履歴書に記載せずに現場作業員として採用されたという学歴詐称の事案で、「被控訴人（筆者注：社員）が労働契約締結にあたり高校卒業以後の学歴を秘匿したことは雇い入れの際に採用条件又は賃金の要素となるような経歴を詐称した行為であるけれども、懲戒解雇は経営から労働者を俳除する制裁であるから、経歴詐称により経営の秩序が相当程度乱された場合にのみこれを理由に懲戒解雇に処することができるものと解するのが相当で…控訴会社は現場作業員として高校卒以下の学歴の者を採用する方針をとっていたものの募集広告にあたって学歴に関する採用条件を明示せず、採用のための面接の際、被控訴人に対し学歴について尋ねることなく、また別途調査するということもなかった。被控訴人は2ヶ月間の試用期間を無事に終え、その後の勤務状況も普通で他の従業員よりも劣るということはなく、また、上司や同僚との関係に円滑を欠くということもなく、控訴会社の業務に支障を生じさせるということはなかったのであるから、被控訴人の本件学歴詐称により控訴会社の経営秩序をそれだけで排除を相当とするほど乱したとはいえず、本件学歴詐称が経歴詐称に関する前記条項所定の懲戒事由に該当するものとみることはできない」と判示しています。

このように学歴詐称は、原則として「重要な経歴」の詐称に該当すると考えられますが、具体的事情によっては「重要な経歴」の詐称には該当しないこともあるということです。

職歴の詐称の場合

大阪地方裁判所・1994年9月16日判決は、職歴詐称（入社する前に勤務していたA社を学歴詐称等により解雇され、その後任意退職する旨の裁判上の和解をしていたにもかかわらず、履歴書の職歴欄に記載をしなかったこと）について、「A株式会社への入退社の事実をことさらに偽っているのは、その心情は理解できないでもないにせよ、債務者（筆者注：会社）による従業員の採用にあたって、その採否や適正の判断を誤らせるものであり、使用者に対する著しい不信義に当たるものといわざるを得ない」と判示し、職歴詐称について「重要な経歴」の詐称と認めています。また、東京地方裁判所・2009年8月31日判決も、「履歴書や職務経歴書に虚偽の内容があれば、これを信頼して採用した者との間の信頼関係が損なわれ、当該被採用者を採用した実質的理由が失われてしまうことも少なくないから、意図的に履歴書等に虚偽の記載をすることは、当該記載の内容いかんでは、従業員としての適格性を損なう事情であり得るということができる」としています。

他方、以前在籍していた職場における懲戒歴は、原則として「重要な経歴」の詐称には該当しないと考えられます。この点、前の職場において、他の職員からセクハラ・パワハラで苦情がなされ、それを理由に上司から厳重注意処分を受けたという事実を告知しなかったことにつき、東京地方裁判所・2012年1月27日判決は、「採用を望む応募者が、採用面接にあたり、自己に不利益な事項は、質問を受けた場合でも、積極的に虚偽の事実を答えることにならない範囲で回答し、秘匿しておけないかと考えるのもまた当然であり、採用する側は、その可能性を踏まえて慎重な審査をすべきであるといわざるを得ない。…本件のように、告知すれば採用されないことなどが予測される事項について、告知を求められたり質問されたりしなくとも、雇用契約締結過程における信義則上の義務として、自発的に告知する法的義務があるとまでみることはできない。」と判断し、当該事実を告知しなかったことを理由になされた解雇を無効としています。

犯罪歴の詐称の場合

犯罪歴の詐称については、社会一般の認識と、裁判所の判断との間に乖離があると思いますので注意が必要と思います。つまり、社会一般の認識では、嫌疑を受けて逮捕されたような場合も含めて広く犯罪歴として履歴書等に記載しなければならないと考えられているようですが、裁判所はそのように解してはいないということです。

東京高等裁判所・1991年2月20日判決は、「履歴書の賞罰欄にいわゆる罰とは、一般的には確定した有罪判決をいうものと解すべきであり、公判継続中の事件についてはいまだ判決が言い渡されていないことは明らかであるから、控訴人（筆者注：社員）が被控訴会社の採用面接に際し、賞罰がないと答えたことは事実に反するものではなく、控訴人が、採用面接にあたり、公判継続の事実について具体的に質問を受けたこともないのであるから、控訴人が自ら公判継続の事実について積極的に申告すべき義務があったということも相当とはいえない。」と判示しています。同様に、仙台地方裁判所・1985年9月19日判決も、「履歴書の賞罰欄にいう『罰』とは一般に確定した有罪判決（いわゆる『前科』）を意味するから、使用者から格別の言及がない限り、同欄に起訴猶予事案等の犯罪歴（いわゆる『前歴』）まで記載すべき義務はない。」と判示しており、前歴を賞罰欄には記載する義務はないとしています。

これらの裁判例によれば、相談者は、一度逮捕されており、いわゆる逮捕歴はあるのですが、その後釈放され、裁判にすらなっていないのですから、その点について、履歴書の賞罰欄に記載しなくてもよいことになるわけです。

前科があっても履歴書に記載しないで良い場合も

ちなみに、上記仙台地方裁判所の事案は、1949年4月から1963年3月までの間に、強盗、窃盗、傷害等の前科4犯前歴5件があったのにそれを秘匿して履歴書の賞罰欄に何ら記載せず（1977年当時）、それを会社が1979年8月頃に認識したという事案ですが、裁判所は、履歴書中に「賞罰」に関する記載欄がある限り、同欄に自己の前科を正確に記載しなければならないとした上で、次のように判示しています。

「刑の消滅制度の存在を前提に、同制度の趣旨を斟酌したうえで前科の秘匿に関する労使双方の利益の調節を図るとすれば、職種あるいは雇用契約の内容等から照らすと、既に刑の消滅した前科といえどもその存在が労働力の評価に重大な影響を及ぼさざるを得ないといった特段の事情のない限りは、労働者は使用者に対し既に刑の消滅をきたしている前科まで告知すべき信義則上の義務を負担するものではない。」

つまり、この裁判例によれば、前科であっても一定の要件を満たせば、前科が労働力の評価に重大な影響を及ぼすといった特段の事情もなく、会社から前科について質問されたような場合でなければ、履歴書に記載しなくてもよいことになります。この判決が指摘する「特段の事情」がある場合とは、看護師のように、一定の前科があることが免許の欠格条件となっている公的資格を取得することが採用の条件となっている場合や、経理担当者としての採用に応募した者に業務上横領の前科がある場合等が考えられるとされています。

なお、ここで言う、刑の消滅制度とは、刑法第34条の2（「禁錮以上の刑の執行を終わり又はその執行の免除を得た者が罰金以上の刑に処せられないで10年を経過したときは、刑の言渡しは、効力を失う。罰金以下の刑の執行を終わり又はその執行の免除を得た者が罰金以上の刑に処せられないで5年を経過したときも、同様とする。」）の定める制度を意味しますが、今回の相談内容からは外れるので詳細は割愛します。ここでは、前科であっても履歴書に記載する義務を免れる場合が存在するという程度に理解してもらえれば結構です。

アナウンサー内定取消事件

2014年11月、入社予定のアナウンサー職の内定を取り消されたとして、大学生（以下、「A」とします）がテレビ局を相手に、内定取消の無効を求めて訴訟を提起したことが話題となりました。この裁判は、2015年1月、東京地方裁判所で和解が成立し、テレビ局側は内定取消を撤回して、Aの採用を認めました。Aは、以前、銀座のホステスのアルバイトをしていたことを、会社に正式に伝えずにいたようですが、テレビ局側は、「アナウンサーには高度の清廉性が求められる」といった主張の他に、「セミナーで提出した自己紹介シートに銀座のクラブでのバイト歴を記載しておらず虚偽の申告だ」との主張を行っています。つまりテレビ局としては、虚偽申告の問題を取りあげており、内定取消の事案ではあるものの、経歴詐称の問題と同様にとらえることも可能かと思います。

では、仮に上記事情が入社後に判明したと仮定した場合、バイト歴を自己紹介シートに記載しなかったことをもって、経歴詐称と評価することができるのでしょうか。これまで解説してきた判例の傾向を見る限り、過去のバイトの種類によって、従業員採用の採否や適正の判断を誤らせるとか、採用した者との間の信頼関係が損なわれるとまで言うのは無理がありそうです。おそらく、職歴欄にすべてのバイトを詳細に記載するように明記されているような場合でない限り、「重要な経歴」の詐称には該当しないものと思われます。

経歴詐称の治癒という問題

仮に「重要な経歴」の詐称があった場合でも、長期間の雇用の継続によって、経歴詐称が治癒されて、懲戒事由にならなくなることはあるのでしょうか。

東京地方裁判所・1955年3月31日判決は、「申請人は会社に雇用されてから、会社が申請人の経歴詐称を発見した時期と主張する1953年11月まで約6年間勤務したのであるが、その間の勤務状態について特段の非難すべき事由の主張と疎明のない本件においては、申請人は一応会社の経営秩序に順応し生産性に寄与したものと推認するのが相当であり、また、会社においても申請人の全人格を評価するに必要な判断の資料を得た訳であるので、非難すべき性格行動について別段の疎明のない限り、会社は申請人に相当程度の信頼を置くに至ったはずである。申請人がこのようにして6年間会社に勤務したということは雇入当時の前歴詐称という信義違反に対する社会的評価をなすについて情状的判断に影響を及ぼすものといわなければならない。即ち労働者の雇入前の非難すべき行動（犯罪行為）と雇入当時の背信行為（前歴詐称）はその労働者が長期間会社の経営に寄与した後においては勤務当初におけると同様の企業に対する反価値的判断をなすべきではないと考える。」として、6年間勤務したことにより「重要な経歴」の詐称は治癒され、懲戒事由には当たらないとしています。

ただ、採用後長期間が経過し、労務遂行に具体的な支障が生じていないからといって、必ず救済されるわけではありません。たとえば、大阪高等裁判所・1957年8月29日判決は、8年間勤務した労働者に対する学歴詐称を理由とする懲戒解雇を有効と認めています。

本件相談について

過去の裁判の傾向からすれば、相談者の前の会社での「懲戒処分歴」や「逮捕歴」を履歴書に記載せず、後日、新しく採用された会社からその点を追求された場合でも、裁判において懲戒事由に該当すると判断される可能性は高くはないと考えられます。

2

第2章 老親に関わる諸問題

CASE5
高齢の母を悪徳商法から守るにはどうすればいいか？

【相談】

「ボケもきていないし、歯も大丈夫。100歳まで生きるつもりだからね」と1週間前に電話で元気に話した80歳の母。実はその時、既に100万円の住宅リフォーム詐欺の被害者になっていたのでした。弟からの連絡に、受話器を手に言葉を失っていました。

母は父が数年前に亡くなってから、中国地方の地方都市で一人暮らしをしています。独身の弟も近くに住んでいて、時々、実家に寄って様子を見てくれています。私は首都圏の大学を卒業してから、東京の会社に就職して結婚、家庭を築いています。

「一緒に暮らそう」

父の死後、何度も誘ったのですが、「周りに誰も知り合いのいない都会より、気心の知れた顔見知りの多い田舎の暮らしの方がいい」と母は、頑固に一人暮らしを続けています。実は、私は内心ホッとしていました。世間の嫁・姑の例に漏れず、妻と母は折り合いが悪いのです。母も「嫁と同居するくらいなら」と内心思っているはずです。母は、食事の準備から買い物、掃除まで一人でこなしています。息子たちの世話にはなりたくないという意地もあるのでしょう。しかし、弟によると、数ヶ月前から物忘れがひどく、母に認知症のような症状が出始めていたらしいのです。一日中、誰とも口をきかずに過ごしていると、人恋しさが募り、話し相手が欲しくなるようで、訪問販売やセールスの電話にもいちいち応対していたようです。

「おばあちゃん、壁から水が染みてきたら、大変だよね」

そんな中、年寄りの昔話や繰り言を最後まで親切に聞いてくれた、住宅リ

フォームの営業マンがいました。この奇特な営業マンは、大きなヒビが入っていた外壁を無償で修理してくれたのです。しかし、タダほど高いものはないという言葉通り、その後に高額のリフォーム契約を断れなくなり、判子を押してしまったようです。素人目でどう高く見積もっても10万円もかからないような、リフォームとは名ばかりの工事です。もちろん、お年寄りが多額の現金をだまし取られる手口は、リフォーム工事の訪問販売だけではありません。オレオレ詐欺も無視できません。社会の高齢化に伴って、最近、高齢者が被害者になる事件が増加しているような気がします。私としては、母が今後も正常な判断ができずに、財産を浪費するような事件が発生することを懸念しています。雑誌で、高齢者を守るための「成年後見制度」というものがあると知りましたが、その制度が具体的にどのようなもので、私の母親のような場合でも利用できるのかについて教えていただけますか。

高齢者を狙う事件の多発

2005年、埼玉県に住む80歳と78歳の姉妹が、3年間に合計約3600万円の住宅リフォームを繰り返した結果、代金が払えずに自宅が競売にかけられるという事件が発生して社会問題化したことを覚えていらっしゃる方も多いと思います。一戸建てに住む高齢者や認知症の方を狙い、「無料で点検します」などと言って言葉巧みに近づき、床下や天井裏などの欠陥を指摘し不安を煽り、不要な工事を割高で契約させるという、悪質業者の手口は当時話題になりました。国民生活センターによれば、PIO-NET（全国消費生活情報ネットワークシステム）に寄せられた訪問販売によるリフォーム工事に関する相談は、近時ずっと6000件以上で推移しています。言うまでもなく、高齢者が被害に遭うのはリフォーム工事だけではありません。警察庁によれば、2016年の「オレオレ詐欺」の認知件数は

5753件にのぼり（被害額167.1億円）、そのうちの95.8％を65歳以上の高齢者が占めているということです。

高齢者を保護するための成年後見制度の利用

高齢化社会が急速に進み、核家族化が顕著な日本において、高齢者の介護やその生活を守ることの必要性が一般的に認識されてきています。心身ともに健全で長生きできるのであればよいですが、どうしても身体的衰えや、認知症等を含む判断力の低下といった問題は避けられません。もちろん、多少の能力の低下は誰にでも生じるものであり、それが実害を及ぼさない限りは問題になりません。ただ、今回の相談のように一定程度以上の資産を保有しながら、判断力が低下したり認知症になったりした場合、詐欺被害に遭ったり、悪徳商法によって無駄な商品を購入したりといった、資産の浪費という実害が発生するおそれが出てきます。相談者の事案のように、家族が遠くに離れて暮らしているといった事情の場合、それを防止することが難しいのは言うまでもありません。たとえ近隣に暮らしている、あるいは一緒に暮らしているとしても、常時監督することは不可能ですから、同様の問題が生じることを完全に防止することはできません。そこで、そのような場合に、法的な対応策として考えられるのが、「成年後見制度」の利用です。

認知症などの理由で判断能力が不十分となった人が、不動産や預貯金などの財産を管理したり、身のまわりの世話のために介護などのサービスや施設への入所に関する契約を結んだり、遺産分割の協議をしたりする必要があっても、自分でこれらのことをすべて実行するのは困難です。よく分からないまま自分に不利益な契約を結んでしまって、被害に遭うおそれもあります。このような判断能力の不十分な人を保護し、支援する制度が「成年後見制度」となります。そして、成年後見制度には、「任意後見制度」と「法定後見制度」とがありますので、状況によって、制度を使い分けることができます。

任意後見制度の利用

任意後見制度というのは、本人が一定の判断能力を有している間に、将来、判断能力が不十分な状態になった場合に備え、あらかじめ自らが選んだ代理人（任意後見人）に対して、自分の生活、療養看護や財産管理に関する事務などについて、代理権を与える契約（任意後見契約）を締結しておくという制度です。

誰を任意後見人に選任するか、任意後見人にどこまでの権限を与えるかは、すべて任意の契約によって定められるのであり、これによって、将来、本人の判断能力が低下しても、任意後見人が、任意後見契約で決めた事務について、本人を代理し契約などをすることによって、本人の意思に従った適切な保護・支援が可能となります。なお、任意後見契約を締結するには、公証人の作成する「公正証書」によることが必要であり、また契約を締結しても直ちに効力が発生するわけではなく、家庭裁判所によって「任意後見監督人」の選任がなされて、はじめて効力が生じます。したがって、任意後見契約を締結しても、実際に効力が発生するまでは、報酬も発生しません。ちなみに、効力が発生した後は、身内が任意後見人になる場合は無報酬が一般的かと思いますが、第三者の場合は一定の報酬を定めるのが普通かと思います。

今はまだ元気で頭もしっかりしている方であれば、将来、認知症などになった時に備え、信頼できる人（家族、友人知人、弁護士や司法書士といった専門家など）と任意後見契約を締結しておけば、万が一、痴呆の症状が出始めたら、その任意後見人に、契約で定めた仕事を任せてしまうことができるわけです。

将来お世話になる任意後見人につき、予めよく知っている信頼できる人を自らの意思で決めておくことは、何より安心感につながると思いま

図5-1 任意後見制度の構造

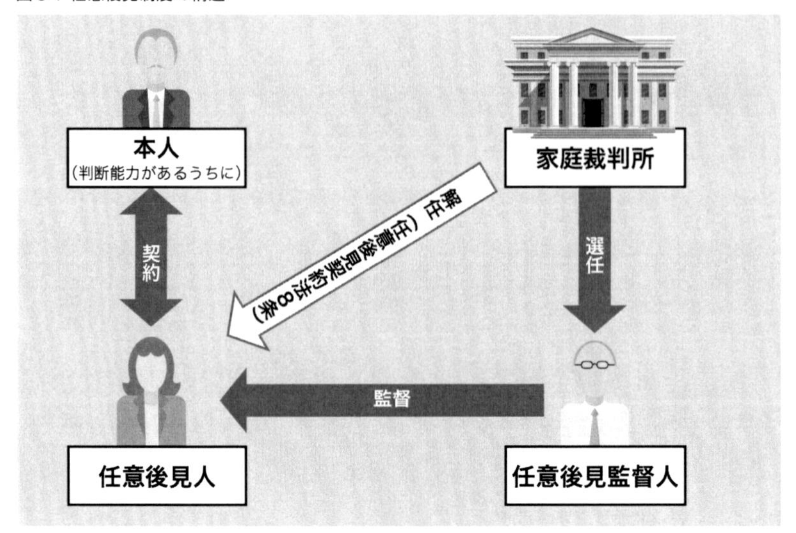

すし、さらに、その任意後見人の仕事を、家庭裁判所が選任した後見監督人が監督しますので、二重の意味で安心と言えるかと思います。

なお、この任意後見契約は、将来の老いの不安に備えた「老後の安心設計」などとも言われていますが、言うまでもなく、任意後見契約を仮に締結しても、それを利用するような事態にならないまま、元気で大往生できるなら、それに越したことはありません。もちろん、任意後見制度を利用する場合、先ほど述べたように公正証書を作成しなければなりませんから、任意後見契約だけ締結し実際にそれを利用するような事態にならなければ、その費用が無駄になってしまいます。ただ、2万円程度の金額（詳細は最寄りの公証役場にお問い合わせください）ですので、自分に何かあった場合に備えるという意味での掛け捨ての保険と考えれば、十分に検討する余地があるかと思います。

日常生活に不安なら通常の委任契約も

ここまで説明してきたように、相談者のお母様の判断能力がまだ十分あるという場合であれば、任意後見制度を利用することがまず考えられます。ただ、判断能力の衰えに予兆が見られ始めたケースでは、本人に任意後見契約を締結するだけの能力がまだ備わっているかどうかにつき、医師の診断書や関係者の供述等を参考にして公証人が慎重に判断することになります。また、任意後見契約を締結できても、ただちに任意後見人による業務が開始されるわけではないので、相談者のお母様のように、既に憂慮すべき事態が現実に発生しつつあるような場合、相談者としては安心できないと思います。

そこで、任意後見契約を締結するだけの能力はあるが、日常生活に不安を感じているというような場合には、任意後見契約と併せて、財産管理などの事務を委任する内容の、通常の委任契約を、第三者との間で締結するということも考えられます。この場合には、判断能力が衰えた段階で、任意後見契約に基づく処理へ移行することになります。ただ、正式の任意後見の場合と異なって、裁判所が選任する後見監督人によるチェック機能等が働きませんので、本当に信頼できる人に対して委任する必要があると思います。

仮に、相談者のお母様が、上記のような任意後見契約を自らの意思で判断して締結することができない状況にまでなっているのなら、そもそも、これらの制度は利用できません。その場合には、次に紹介する、法定後見制度の利用を検討することになります。

法定後見制度の利用

法定後見制度は、「後見」「保佐」「補助」の3つに区分されており、「判断能力が欠けているのが通常の状態の場合」は後見、「判断能力が著しく不十分の場合」は保佐、「判断能力が不十分の場合」は補助などのように、判断能力の程度という本人の事情に応じて制度を選べるようになっています。

図5-2 法定後見制度の区分

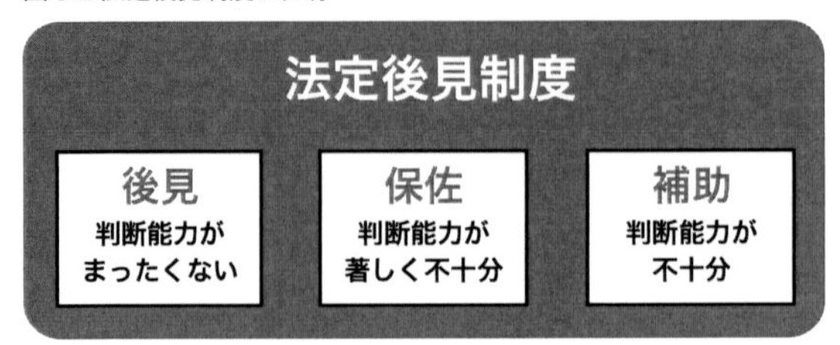

この制度を利用する場合、具体的に、どのような保護を図ることができるかですが、それぞれの区分に応じて、「成年後見人」「保佐人」「補助人」に選任された者の「同意」などを要件として、不必要な財産の処分行為を事前に防止したり、既になされてしまった財産の処分行為を取り消したり、一定の範囲で成年後見人などに代理権が付与されて、その判断にて法律行為（売買契約等）を行うことができるようになったりします（「後見」「保佐」「補助」といった区分に応じて、同意が必要な行為や、取消が可能な行為などが異なります）。

なお、あくまで、不合理な資産の減少等から対象者を保護するための制度ですので、成年後見人などの同意を要する法律行為や取り消し可能な法律行為は、対象が限定されており、成年後見人などが選任された場合に、すべての法律行為が高齢者などの意思で自由に行えないということではありません。また、成年後見人などの役割は、本人の生活・医療・介護・福祉など、本人の身のまわりの事柄にも目を配りながら本人を保護・支援することにありますが、その職務は、本人の財産管理や契約などの法律行為に関するものに限られており、食事の世話や実際の介護などは、一般に成年後見人などの職務ではありませんので注意が必要です。統計上も、申し立ての動機で圧倒的に多いのは、預貯金等の管理・解約となっています。

実際に制度を利用する場合

実際に法定後見制度を利用する場合、判断能力が不十分であることが要件となりますが、裁判所における「審判」を経る必要があり、その判断能力の程度について、裁判所を通じ、医師による鑑定を行うことになります。鑑定を経て、判断能力の程度をきちんと確認した上で、適切な制度を利用するということになるわけです。

法定後見制度を利用するためには、本人の住所地の家庭裁判所において、後見開始の審判等を申し立てる必要があり、審判の申立費用は、裁判所実費として収入印紙代800円、登記手数料として2600円、連絡用の郵便切手代等の他に、鑑定が行われた場合は鑑定費用として、およそ5万円～10万円程度かかることになります（詳細は最寄りの家庭裁判所にお問い合わせください）。

任意後見のように、本人が自らの意思で誰を後見人にするかについて指定するわけではありませんから、成年後見人などに選任されるのは、本人の親族の場合もありますし、裁判所の判断で、法律・福祉の専門家その他の第三者や、福祉関係の公益法人などが選任される場合もあります。統計的には、親族より、弁護士、司法書士といった法律の専門家が就任することが多い状況にあるようです。現実的には、財産額が一定程度以上の場合、誰を後見人にするか親族間で意見がまとまっていない場合、複雑な法律事務が必要となる場合などには、原則として専門家を後見人に選任し、それほど流動資産がなく、親族間で揉め事がないような事案では、親族が後見人に選任されることが多いと思われます。

審判手続は、鑑定手続や、成年後見人などの候補者の適格性の調査や本人の陳述聴取などのために、一定の審理期間を必要とすることになりますが、ほとんどの場合、申し立てから開始までの期間は、4ヶ月以内と考えればよいと思います。成年後見が開始されると、成年後見人は、前述のように、本人の生活・医療・介護・福祉など、本人の身のまわりの事柄にも目を配りながら、本人を保護・支援し、適宜その行った事務について家庭裁判所に報告するなどして、家庭裁判所の監督を受けながらその業務を進めることになります。

なお、成年後見人は、申し立てのきっかけとなったことだけをすればよいものではなく、後見が終了するまで、行った職務の内容（後見事務）を、定期的にまたは随時、家庭裁判所に報告しなければなりません。また、事案によっては、家庭裁判所が、弁護士や司法書士などの専門家を成年後見監督人に選任して、監督事務を行わせる場合もあります。

成年後見監督人が選任される場合は、管理する財産が多額、複雑な専門職の知見が必要なとき、成年後見人と成年被後見人の利益相反が想定されているとき（遺産分割等）、親族後見人に専門職のサポートが必要と考えられるときなどとされています。

近時、成年後見人の不正事例が多く発生していることから、成年後見監督人が選任される件数が増えてきており、保佐監督人、補助監督人なども含めると、選任件数は、2011年は1751件であったのが、2015年には4722件となっています。成年後見監督人は、成年後見人が任務を怠ったり、不正な行為を行わないよう監督する役割を担います。成年後見監督人が選任された場合には、成年後見人は、その行った職務の内容（後見事務）を定期的にまたは随時に、後見監督人に報告しなければなりません。

相談者は実際にどうすればよいか

相談文を見る限り、相談者のお母様の判断能力は、まだそれほど低下していない可能性がありますので、任意後見契約の締結や、それと併せて、財産管理等の事務を委任する内容の、通常の委任契約を、第三者との間で締結することがまず考えられると思います。また、公証人の判断で、任意後見契約の締結が困難なほど能力が低下しているとなった場合には、法定後見制度の利用を考えることになります。通常は、相談者または弟さんなどの身内の方を成年後見人に選任してもらうということになるでしょうし、裁判所の判断により、弁護士、司法書士といった別の第三者が選任されるかもしれません。

成年後見人は、財産管理権を有しており、預貯金の管理の一環として通帳を預かるのが一般的であり、また、任意後見の場合でも、契約の条項として財産管理（預貯金の管理）を規定しておけば、同様に、通帳を預かることもできますので、それによって、多額のお金を本人に管理させないようにすることで、オレオレ詐欺などの被害を防げるようになるかと思います。また、成年後見の場合、日用品（食料品や衣料品等）の購入や、その他日常生活に関する行為を除き、本人が行った不利益な法律行為を、後から取り消すことができますので（成年後見の類型ごとに、どの範囲の法律行為を取り消せるのかは細かい話ですので割愛します）、万が一、お母様が不当なリフォーム契約等を締結しても対応することが可能となります。

お母様の能力の程度により利用できる制度が異なりますし、お母様ご自身の希望もあるでしょうから、まずは、公証役場・家庭裁判所などの公的機関や、お知り合いの弁護士司法書士といった専門家に、今後どのようにお母様の財産を守っていくべきかについて、相談されてみてはいかがでしょうか。

CASE6
認知症の人が起こした事故における家族の責任とは

【相談】

私たち夫婦は結婚して40年になります。一人息子も独立し、夫が定年退職して、さあこれから人生を謳歌しようという段になって、夫が認知症になってしまいました。当初は、物忘れがひどくなったという程度で、歳のせいかなと思っていましたが、そのうち、その日に自分がやったことをすっかり忘れてしまったり、私に向かって「あなたはだれ？」と聞いたりするようになり、やがて突然自宅を出て徘徊をするようになりました。周りの人たちは皆、もう施設に預かってもらった方がいいとすすめてくれますが、長年連れ添った夫と離れて暮らすのは嫌なので、近くに住む息子の嫁にも手伝ってもらって、何とか在宅介護を続けてきました。とはいえ、ちょっと目を離したすきに家を出てしまって、警察に保護され家に戻ってくることもたびたびあります。

そんな私にとって、認知症の人が起こした鉄道事故を巡る裁判の行方は人ごとではありませんでした。家族が目を離したすきに自宅から出て徘徊していた認知症患者の男性（当時91歳）が電車にひかれて死亡したことにより、振替輸送費や人件費などを払わされ損害を受けたとして、鉄道会社がその家族に対して損害賠償を求めた事案です。第１審、第２審では裁判所が家族の責任を認め、損害賠償を命じたという内容で、もし夫が鉄道事故に限らず何か事故を起こしてしまったら、自分に多額の賠償請求が来るばかりか、子供にまで迷惑をかける可能性があるのだと、いても立ってもいられなくなりました。食事や身の回りの世話だけで私はくたくたです。夜中に何度も起こされるので睡眠も十分にとれません。24時間ずっと目を離さないでいるなんて不可能です。当時、報道を見て「認知症患者を部屋に鍵をかけて閉じ込めろと言うの？」と憤慨し

たものです。

**　その後、最高裁判所の判決は、家族の責任を否定して、JR側が逆転敗訴したことがニュースで大きく報じられ、ほっと胸をなで下ろしました。ただ、同様の立場にある、認知症患者を抱えた家族の責任は、将来にわたって完全に否定されたわけではなく、ケースバイケースのようであり、この判決によって、すべての認知症患者の家族が安心して暮らせるようになったとは言えないようです。**

**　裁判の内容と、認知症患者が起こした事件事故に対する家族の責任が今後どうなるか、について教えてください。**

画期的な最高裁判所判決

　相談者の指摘する最高裁判所判決は、2007年12月7日に東海道本線で発生した鉄道事故に関わるものです。家族が目を離したすきに自宅から出て徘徊していた認知症患者（当時91歳）の男性が電車にひかれて死亡したことにより、振替輸送費や人件費等の損害を受けたとして、JR東海がその家族に対して720万円の損害賠償を求める訴訟を起こしていました。最高裁判所は、2016年3月1日、当時85歳だった男性の妻に対して約360万円の支払いを命じた、第2審名古屋高等裁判所判決（2014年4月24日）を破棄し、家族に賠償責任はないとする判決を言い渡しました。認知症の人を介護する家族の監督責任について、最高裁判所が判断を示したのは初めてのことです。この判決に先立つ、名古屋地方裁判所（第1審）と名古屋高等裁判所（第2審）の判断内容も異なっていたことから、最高裁判所がどのような判断を下すのか注目されていました。

図6-1 最高裁判所判決の前提となる事実関係と判決の経緯

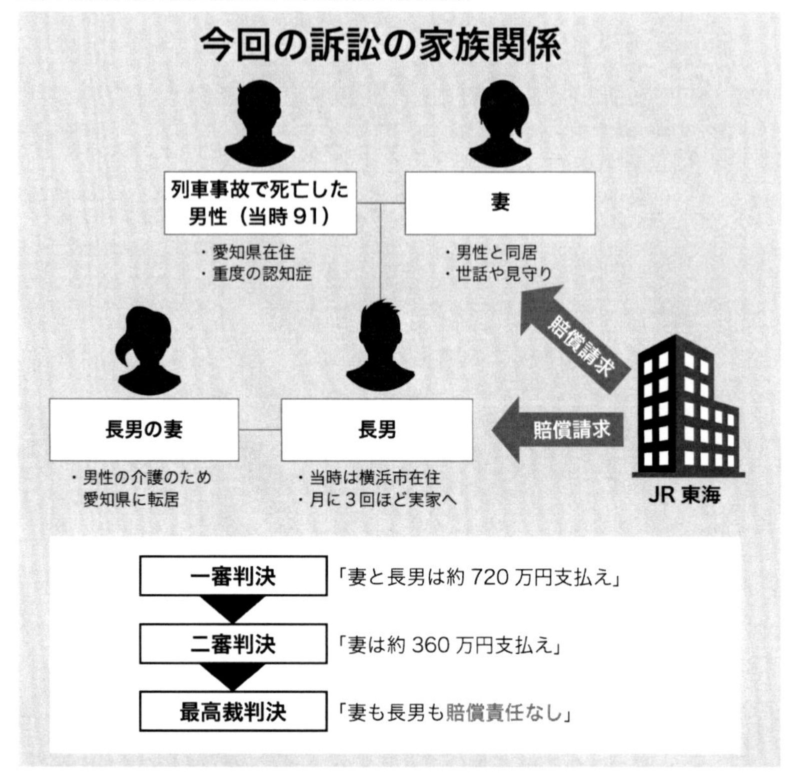

最高裁判所判決を理解するための前提

この問題を理解するためには、民法の定める「監督義務者の損害賠償責任」という制度の理解が不可欠です。

民法714条は「責任無能力者がその責任を負わない場合において、その責任無能力者を監督する法定の義務を負う者は、その責任無能力者が第三者に加えた損害を賠償する責任を負う」と規定しており、本件では、この責任が問題となっています。民法は、責任無能力者、たとえば精神上の障害により自己の行為の責任を弁識する能力を欠く状態にある者（認知症患者など）、あるいは未成年で自己の行為の責任を弁識するに足りる知能を備えていなかった者については賠償責任を負わないとしています。その一方、このような責任無能力者の損害賠償責任を否定することで、責任無能力者の加害行為により損害を被った被害者が保護されなくなり、その救済に欠けるような事態にならないように、責任無能力者を監督する法定の義務を負う者または監督義務者に代わって責任無能力者を監督する者に対して、賠償責任を負わせているのです。言い換えれば、責任無能力者の損害賠償責任が否定されているために、被害者が救済を受ける方途が閉ざされてしまうことがないように、公平で合理的な救済が図られるための手段として「監督義務者の責任」が定められているわけです。

子供の自転車事故で、親に9500万円の賠償金の支払いが命じられた、神戸地方裁判所の判決を覚えている方もいらっしゃると思います。小学5年生（当時11歳）が時速20～30キロで自転車に乗り走行中に、散歩中の女性（当時62歳）と正面から衝突してしまい、その女性に頭の骨を折るなどの重傷を負わせた事件です。判決は、事故当時11歳だった児童自身には責任能力がないと判断し、児童の親権者として監督すべき法定の義務ある者としての母親について、損害賠償責任を認めています（CASE7で詳細に解説していますのでご参照ください）。仮に、この「監督義務者の責任」の制度がなければ、重傷を負って寝たきりになった女性は、加害者が子供であったという偶然の事情により、誰からも救済を受けられなくなってしまうわけですが、そのような結論が不当であることは言うまでもありません。

第１審判決及び控訴審判決

さて、JR東海の事故の事案に戻りますが、名古屋地方裁判所（第１審）及び名古屋高等裁判所（第２審）は、その判決において、いずれも、男性の妻が、上記「監督義務者の責任」を負うことを認めています。

まず、第1審である名古屋地方裁判所は、男性の妻だけでなく、同居していない長男までも監督義務者の責任を負うとして、2人に720万円全額の支払いを認めました（2013年8月9日判決）。それに対し、第2審である名古屋高等裁判所は、男性の長男は男性と別居して生活していたのであり、長男が男性の生活全般について監護すべき法的な義務を負っていたものと認めることはできないとし、長男は監督義務者に該当しないとしています。しかし、男性の妻については、「配偶者の一方が精神障害により精神保健福祉法上の精神障害者となった場合の他方配偶者は、同法上の保護者制度の趣旨に照らしても、現に同居して生活している場合においては、夫婦としての協力扶助義務の履行が法的に期待できないとする特段の事情のない限りは、配偶者の同居義務及び協力扶助義務に基づき、精神障害者となった配偶者に対する監督義務を負うのであって、民法714条1項の監督義務者に該当するものというべきである」とした上で、長男夫婦の補助や援助を受けながら、妻として男性の生活全般に配慮し介護していたのであるから、「夫婦としての協力扶助義務の履行が法的に期待できないとする特段の事情があるということはできない」などとして、妻に360万円の損害賠償責任を認めました。

名古屋高等裁判所の判決が出た当時は、新聞などで「介護現場に衝撃の判決」「介護の妻　過失認定」などと、大々的に報道されて大きな話題となりました。「認知症患者は24時間閉じ込めておけと言うことか」「認知症患者の介護の実態を裁判所は分かっていない」「懸命に介護してきた家族に負担を押し付けるのはおかしい」などという、判決に否定的な意見が多く見られました。

配偶者というだけで監督義務者にならないと判断

上記判決に対しては、双方がこれを不服として上告していましたが、最高裁判所は、「民法752条は、夫婦の同居、協力及び扶助の義務について規定しているが、これらは夫婦間において相互に相手方に対して負う義務であって、第三者との関係で夫婦の一方に何らかの作為義務を課するものではなく、しかも、同居の義務についてはその性質上履行を強制することができないものであり、協力の義務についてはそれ自体抽象的なものである。また、扶助の義務はこれを相手方の生活を自分自身の生活として保障する義務であると解したとしても、そのことからただちに第三者との関係で相手方を監督する義務を基礎付けることはできない。そうすると、同条の規定をもって同法714条1項にいう責任無能力者を監督する義務を定めたものということはできず、他に夫婦の一方が相手方の法定の監督義務者であるとする実定法上の根拠は見当たらない。したがって、精神障害者と同居する配偶者であるからといって、その者が民法714条1項にいう『責任無能力者を監督する法定の義務を負う者』に当たるとすることはできないというべきである」として、同居の夫婦だからといって、ただちに監督義務者になるわけではない旨を判示しました。

特段の事情がある場合には責任を負う

その上で、「もっとも、法定の監督義務者に該当しない者であっても、責任無能力者との身分関係や日常生活における接触状況に照らし、第三者に対する加害行為の防止に向けてその者が当該責任無能力者の監督を現に行いその態様が単なる事実上の監督を超えているなどその監督義務を引き受けたとみるべき特段の事情が認められる場合には、衡平の見地から法定の監督義務を負う者と同視して、その者に対し民法714条に基づく損害賠償責任を問うことができるとするのが相当であり、このような者については、法定の監督義務者に準ずべき者として、同条1項が類推適用されると解すべきである。」としました。つまり、同居の夫婦だからといってただちに監督義務者になるわけではないが、「監督義務を引き受けたとみるべき特段の事情」がある場合には監督義務者になるとしたのです。

そして、「特段の事情」があるかどうかについて、判決は、「ある者が、精神障害者に関し、このような法定の監督義務者に準ずべき者に当たるか否かは、その者自身の生活状況や心身の状況などとともに、精神障害者との親族関係の有無・濃淡、同居の有無その他の日常的な接触の程度、精神障害者の財産管理への関与の状況などその者と精神障害者との関わりの実情、精神障害者の心身の状況や日常生活における問題行動の有無・内容、これらに対応して行われている監護や介護の実態など諸般の事情を総合考慮して、その者が精神障害者を現に監督しているかあるいは監督することが可能かつ容易であるなど衡平の見地からその者に対し精神障害者の行為に係る責任を問うのが相当といえる客観的状況が認められるか否かという観点から判断すべきである」としています。

本件事案の結論

以上を前提として、本件では男性の妻について、「長年A（筆者注：認知症の男性）と同居していた妻であり、第1審被告Y2（筆者注：長男）、B（筆者注：長男の妻）及びC（筆者注：長男の妹）の了解を得てAの介護に当たっていたものの、本件事故当時85歳で左右下肢に麻痺拘縮があり要介護1の認定を受けており、Aの介護もBの補助を受けて行っていたというのである。そうすると、第1審被告Y1（筆者注：Aの妻）は、Aの第三者に対する加害行為を防止するためにAを監督することが現実的に可能な状況にあったということはできず、その監督義務を引き受けていたとみるべき特段の事情があったとはいえないから、第1審被告Y1は、法定の監督義務者に準ずべき者に当たるということはできない」として、妻の賠償責任を否定したのです。

また、長男についても、「Aの長男であり、Aの介護に関する話し合いに加わり、妻BがA宅の近隣に住んでA宅に通いながら第1審被告Y1によるAの介護を補助していたものの、第1審被告Y2自身は、横浜市に居住して東京都内で勤務していたもので、本件事故まで20年以上もAと同居しておらず、本件事故直前の時期においても1か月に3回程度週末にA宅を訪ねていたにすぎないというのである。そうすると、第1審被告Y2は、Aの第三者に対する加害行為を防止するためにAを監督することが可能な状況にあったということはできず、その監督を引き受けていたとみるべき特段の事情があったとはいえない。したがって、第1審被告Y2も、精神障害者であるAの法定の監督義務者に準ずべき者に当たるということはできない」として、賠償責任を否定しました。

今回の最高裁判所判決への評価

認知症高齢者の場合、親が無条件に監督義務者となる子供の場合と違って、様々な家族が介護に関わるため、一体、誰が監督義務者としての責任を負うのかが明らかではありませんでした。今回の判決は、同居の夫婦だからといってただちに監督義務者になるわけではなく、(1) その者自身の生活状況や心身の状況など、(2) 精神障害者との親族関係の有無・濃淡、(3) 同居の有無その他の日常的な接触の程度、(4) 精神障害者の財産管理への関与の状況などその者と精神障害者との関わりの実情、(5) 精神障害者の心身の状況や日常生活における問題行動の有無・内容、(6) 監護や介護の実態等の諸事情を総合判断して、監督責任を問うのが相当といえる客観的状況が認められるか否かによって監督責任を負う者が判断されると、一定の基準を示したことになります。当時、読売新聞は、この判決を受けて「6要素で責任判断」との見出しを掲げていました。

この判決後、長男は、「大変温かい判断をしていただき心より感謝申し上げます。父も喜んでいると思います。8年間色々なことがありましたが、これで肩の荷が下りてほっとした思いです」とのコメントを、代理人弁護士を通じて発表しています。代理人弁護士も、「遺族の主張が全面的に取り入れられた素晴らしい判決。認知症の方と暮らす家族の方にとって本当に救いになった」と判決後の会見で述べていますし、報道機関も「認知症高齢者を介護する家族の不安を和らげるもの」、「介護の実態に沿った判断だ」と概ね好意的に評価しています。読売新聞の「編集手帳」でも、「伴侶や親を見守る目配りに労を惜しむ人はいない。高齢者同士の老老介護や遠距離介護ではそれでも目の届かぬときがあろう。認知症患者のもたらす被害をどう救済するかに課題を残しつつも、まずは穏当な判断と受け止めた方が多いはずである」と記しています。

どの程度の介護で免責されるのか

しかし、最高裁判所が判断基準として挙げた6要素によれば、賠償責任を負わない家族の範囲が広がるとしても、それらの要素は抽象的であって、果たしてどういったことをすれば監督義務を引き受けたことになるのか、また監督義務を引き受けた者はどのような介護をすれば免責されるのかが不透明である、といった批判も上がっています。今回の基準を素直に読めば、献身的に介護すればするほど重い責任を問われることになりかねないことにもなり、そのため、介護に消極的になる家族が増加する懸念を指摘する向きすらもあります。

被害者の救済はどうやって行うのか

また、最高裁判所判決に対しては、民法714条は被害者救済も目的としているにもかかわらず、今回のように監督義務者がいない場合、被害者は救済されないのかとの問題も指摘されています。

たとえば、82歳の認知症の夫を家に残して73歳の妻が郵便局に出かけた際、夫が紙くずにライターで火をつけ、布団に投げたことで出火、隣家の屋根と壁の一部を焼損した事案において、大阪地方裁判所は、2015年5月12日、妻に隣家の修理費143万円のうち既に弁償済みの100万円を控除した43万円の支払いを命じる判決を出しています。その後、この事案は、大阪高等裁判所で和解が成立しましたが、今回の最高裁判決の判断基準によれば、妻が監督義務者に準じる者と認められない可能性もあり、その場合、隣家は、自分に何らの落ち度もなく損害を被ったにもかかわらず、修理費を支払ってもらえないことになってしまいます。

今後、認知症患者が増加していくと、今回の最高裁判所の事案のような事故が頻発するおそれもありますし、上記火事の事案にように、他人を事故に巻き込んだりすることもますます懸念されることになります。読売新聞の社説では、「こうした損害を、鉄道会社などを含む社会全体のコストと捉える考え方もある。責任をどう分担するのか、保険制度の活用などの議論を深めることが肝要である。独り暮らしの認知症の人も増えよう。在宅介護の重要性が高まる超高齢社会では、地域ぐるみで支える体制の構築が欠かせない」と指摘しています。

このような指摘を受け、神戸市や神奈川県大和市など、一部の自治体では、被害者救済の仕組み作りに積極的に乗り出すところも現れており、今後の進展が期待されます。

社会の変化に期待

今回の最高裁判所判決を契機として、認知症トラブルの増加をどう防ぎ、生じた被害についての補償をどうしていくのかという課題を、社会全体でどのように解決していくのかがクローズアップされました。この点、元最高検検事の堀田力氏は、読売新聞紙上で、「高齢化で認知症の人が増えたのは、『みんなで支え合うやさしい社会を作りなさい』という神様からのメッセージと受け止めたい」と述べています。また、同様に、大牟田市認知症ライフサポート研究会代表の大谷るみ子氏は、この判決について「認知症の人を閉じ込めるのではなく、住み慣れた地域で暮らし続けられるようにするべきだ、というメッセージと捉えたい」としています。

私としても、今回の判決を契機として、法制度整備や保険制度の確立はもちろんとして、上記のお二人が指摘するような「やさしい社会」が形成されていくことを願ってやみません。

3

第3章 子供に関わる諸問題

CASE7
子供が起こした事故、親はどこまで責任を負うか？

【相談】

私には10歳になる息子がいます。とても元気な子で、毎日、学校の授業が終わって帰宅すると、そのまま自転車を飛ばして隣町の公園へ行きます。その目的はサッカーで、息子の夢はサッカーの日本代表になることです。時間が1分でも惜しいとみえて、暗くなるまで仲間とサッカーをして、くたくたになって帰ってきます。私としては、子供は元気が一番と考えていて、塾などには行かせないで、小学生のうちは思う存分に体を動かしてほしいと思っています。ただ、以前、子供が起こした自転車事故の裁判で、親に9500万円もの損害賠償の支払いが命じられたというニュースを見たときは本当に驚きました。親の監督責任が問われたわけですから。それ以来、たとえ自転車といえども、他の人に怪我をさせるようなことがあれば大変なことになるから、くれぐれもスピードを出しすぎないよう繰り返し言い聞かせています。息子も、自転車が時に凶器になりうるという点で自動車と同じということは理解してくれているようです。ただ、私としては、自転車事故だけでなく、息子が大好きなサッカーでも事故が起きないかずっと心配していました。蹴ったボールが間違えて人に当たってしまった場合、自転車事故と同じように大きな問題になる可能性があるのではないかと、心にひっかかっていたのです。

あるとき、法律に詳しい知人が、子供が蹴ったサッカーボールをお年寄りがよけようとして転倒し死亡してしまい、お年寄りの遺族が子供の両親に損害賠償を求めた訴訟があると教えてくれました。さっそくネットで調べたところ、最高裁判所は、「通常は危険がない行為で偶然、損害を生じさせた場合、原則として親の監督責任は問われない」とする判断を示したということでした。被

害者の方には申し訳ないですが、子を持つ親としては、判決に納得してしまいました。とはいえ、どんな場合に親の監督責任が問われるのか、あるいは問われないのか分からない点も多々ありますので、この最高裁判所の判断についてもっと詳しく教えてもらえますか。

偶発の事故の場合、親は免責

子供を育てる親にとって、わが子が事故に巻き込まれないか、常に心配は尽きません。事故の被害者になるだけではなく、加害者となる可能性すらあります。何が危険で何が危険でないか、子供は十分な判断力を持っていないので、引き起こすトラブルも予想できないことが多く、重大な事態に発展することもあり得ます。では、子供が起こした事故について、親はどこまで責任を負うのでしょうか。

この点、子供が起こした加害事故における親の監督責任に関し、2015年4月9日に出た、最高裁判所の判決が大きな注目を集めました。校庭でサッカーをしていた小学校6年生（11歳11ヶ月）が蹴ったサッカーボールが道路に飛び出し、これをよけようとしたオートバイの男性が転倒して負傷し、その後死亡したという事案で、最高裁判所は、ボールを蹴った子供の親の監督責任を認めず、死亡した男性の相続人から子供の親に対してなされた損害賠償請求を認めた第1審判決及び第2審判決を破棄して、請求を棄却する判決を言い渡したのです。

通常は危険がない行為において、偶然、損害を生じさせた場合、原則として、親の監督責任は問われないとの初判断を示したものであり、同種事故では、従来、親の責任がほとんどの場合に認められてきたため、新聞も「偶発の事故　親は免責」などといった見出しで大きく報道し、今後の司法判断の流れが変わると報じていました。

図7-1 「偶発の事故　親は免責」（出典：読売新聞2015年4月10日）

偶発の事故 親は免責

「通常危険ない行為」最高裁、初判断

子供が原因

子供が起こした事故が原因で死亡したお年寄りの遺族が子供の両親に損害賠償を求めた訴訟の上告審で、最高裁第1小法廷（山浦善樹裁判長）は9日、「通常は危険がない行為で偶然損害を生じさせた場合、原則として親の監督責任は問われない」との初判断を示した。そして1、2審の賠償命令を破棄し、遺族側の請求を棄却する判決を言い渡した。両親側の逆転勝訴が確定した。ほとんどの事故で親の監督責任を認めてきた司法判断の流れが変わることになる。〈関連記事3・36面〉

裁判官4人全員一致の判断。判決によると、2004年2月、愛媛県今治市の市立小学校の校庭で、放課後に子供たちがサッカーで遊んでいた際、小6男児（当時11歳）がフリーキックの練習で蹴ったボールがゴールと高さ1・3メートルの門扉を越えて道路に転がった。これをよけようとしたオートバイの男性（同85歳）が転倒し、足の骨折などで入院して約1年4か月後に肺炎で死亡した。

1審・大阪地裁、2審・大阪高裁はともに、男児に過失があったと認める一方、11歳だったことから責任能力はないと判断。上告審ではこれを前提に、親の監督責任の有無が争点となった。

判決はまず、男児の行為について「開放された校庭で、設置されたゴールに向けてボールを蹴ったのは、校庭の日常的な使用方法

サッカーボールによる事故が起きた小学校前。ボールが中央の門扉を越えて車道に飛び出し、オートバイの男性が転倒した（今年3月、愛媛県今治市で）

サッカーボールによる事故の現場の状況

親の監督責任　民法714条は、責任能力のない子供が事故などを起こした場合、「監督義務者」の親が賠償責任を負うと定めている。親がいない場合は、親代わりの未成年後見人や児童福祉施設の施設長が責任を負う。監督義務を怠らなければ責任を免れるが、免責を認めた判決はほとんどなかった。

親がなぜ子供の起こした事故の責任を負うのか

子供の起こした事故の責任を親が負う理由は、民法の「監督義務者の損害賠償責任」という制度によります。この制度は、既にCASE6でも説明した、民法714条の規定を根拠とします。すなわち、民法712条が、「未成年者は、他人に損害を加えた場合において、自己の行為の責任を弁識するに足りる知能を備えていなかったときは、その行為について賠償の責任を負わない」と規定しており、それを受けた民法714条1項が、「前二条の規定により責任無能力者がその責任を負わない場合において、その責任無能力者を監督する法定の義務を負う者は、その責任無能力者が第三者に加えた損害を賠償する責任を負う。」と規定していることによるわけです。

この民法712条の規定する「自己の行為の責任を弁識するに足りる知能」とは、「責任能力」といわれるものであり、「自分の行為の結果が違法なものとして法律上非難され何らかの法律的責任が生じることを認識しうる精神能力」を意味するとされています。この能力は、年齢により画一的に定まるものではなく、個人ごとにかつ不法行為の態様との関係で、具体的に考えていくのが相当であると考えられていますが、裁判例を見る限り、11歳から13歳の間の年齢におおよその基準がおかれていると考えられています。ちなみに、この年齢の判断については、訴訟において未成年者に責任を認めても賠償能力がない場合が多いことから、直接の行為者を責任無能力者と認定した方が、親などの監督義務者に対して賠償責任を認めやすくなるため、やや高めに認定されている傾向があるなどとも言われています。

かように、責任能力のない子供が起こした事故の損害賠償をめぐる裁判では、この民法の「監督義務者の損害賠償責任」という制度に基づき、親の法的な責任が認められるかどうかが問題となるわけです。

以下、従来の裁判例、今回の最高裁判所判決などを解説しながら、未成年者に関わる監督義務者の損害賠償責任について説明したいと思います。

従来の裁判例…親に9500万円の賠償責任も

上記の最高裁判決が出される前の判決となりますが、2013年7月4日に神戸地方裁判所が言い渡した判決は、当時、全国の子供を持つ親に大きな衝撃を与えました。小学5年生の児童（当時11歳）が、坂道を自転車に乗って時速20～30キロで下って行った際に、散歩中の女性（当時62歳）と正面から衝突。女性が約2.1メートルはね飛ばされて頭などを強く打ち、頭の骨を折るなどして意識が戻らない状態が続いているという事案で、神戸地方裁判所は自転車に乗っていた子供の母親に対し、合計9520万7082円もの賠償金の支払いを命じたのです。

裁判所は、「本件事故は、児童が、本件道路上を自転車で走行するに際し、自車の前方を注視して交通安全を図るべき自転車運転者としての基本的注意義務があるにもかかわらず、これを尽くさないまま、しかも相当程度勾配のある本件道路を速い速度で走行し、その結果、衝突直前に至るまで原告（筆者注：被害者の女性）に気付かなかったことによって発生したものと認めるのが相当である」とし、児童による前方不注意が事故原因と認定しました。

また、事故を起こした児童の親権者（母親）の責任について、「A（筆者注：事故を起こした児童）は、本件事故当時11歳の小学生であったから、未だ責任能力がなかったといえ、本件事故により原告に生じた損害については、Aの唯一の親権者で、Aと同居してその監護に当たり、監督義務を負っていた被告（筆者注：Aの母親）が、民法714条1項により賠償責任を負うものといえる。」「被告は、児童に対し、日常的に自転車の走行方法について指導するなど監督義務を果たしていた旨主張するが、上記認定の児童の加害行為及び注意義務違反の内容・程度、また、被告は児童に対してヘルメットの着用も指導していたと言いながら、本件事故当時はAがこれを忘れて来ていることなどに照らすと、被告による指導や注意が奏功していなかったこと、すなわち、被告が児童に対して自転車の運転に関する十分な指導や注意をしていたとはいえず、監督義務を果たしていなかったことは明らかである。」などとして、その責任を認めました。

重い後遺症、巨額の賠償金

この判決は、自動車とは異なり、人を傷つける凶器になり得るといった意識がそれほどなく、小さな子供でも気軽に乗り回している自転車が引き起こした事故により、莫大な額の損害賠償が認められたという事実のみならず、事故を起こした子供の親に対して支払いが命じられたという二重の意味で、全国の子供を持つ親を震え上がらせるに十分なインパクトがありました。ただ、この種の事故により被害者に重い後遺障害が残ったような場合に巨額の損害が認定されることは、決して珍しくありません。

この判決が認定した約9500万円の損害の内訳は、次の通りとなっています（1万円未満は切り捨てており、また損害補填分が減額されたりしていますので、下記数字を合計しても9500万円にはなりません）。

(1) 治療費　298万円、(2) 装具費　3万円、(3) 入院雑費　27万円、(4) 入院付添費　108万円、(5) 休業損害　143万円、(6) 傷害慰謝料　300万円、(7) 後遺障害慰謝料　2800万円、(8) 後遺障害逸失利益　2190万円、(9) 将来の介護費　3938万円

一目で分かるように、損害額の大部分を占める (7) (8) (9) は、被害者が負った重い後遺障害に関連するものです。交通事故においては、他にも高額な損害賠償を認めた判決が多数ありますが、それらは、死亡事案より、むしろ後遺障害事案の方が多いのです。

今回のサッカー事故－第１審・大阪地方裁判所判決（2011年６月27日）

冒頭で説明した事案（サッカーボールが道路に飛び出し、これをよけようとしたオートバイの男性が転倒し死亡したという事案）についても、上記のような裁判所の一般的な運用に従い、第1審である大阪地方裁判所は、児童の親の責任を認め、約1500万円の支払いを命じました。

この一審判決によれば、本件の事実関係は以下のようなものとなっています。冒頭の読売新聞の記事の中に、現場の状況の図が掲載されていますので、そちらもご参照ください。

(1) A（筆者注：サッカーボールを蹴った子供）は、1992年3月3日生まれの男性であり、事故当時11歳11ヶ月であった。B（筆者注：オートバイ運転者）は、1918年3月14日生まれの男性であり、事故当時85歳11ヶ月であった。

(2) Aは、2004年2月25日午後5時ころ、小学校の校庭において、友人たちとともにサッカーボールを用いて、ゴールに向かってフリーキックの練習をしていた。

(3) Bは、車両に乗車して、本件校庭の南側の溝を隔てた場所にある東西方向に通じる道路上を東から西に向けて走行していた。

(4) Aらがフリーキックの練習をしていたゴールは、本件道路に比較的近い場所に、道路と並行して位置しており、同被告らは、本件道路側に向かって、フリーキックの練習を行っていた。

(5) Aが、2004年2月25日午後5時16分ころに蹴ったボールが、本件校庭内から門扉を超えて本件道路上に飛び出した。そのため、折から本件道路の門扉付近を走行していたBが、ボールを避けようとしてハンドル操作を誤るなどして、本件道路上に転倒した。

第2審　大阪高等裁判所判決（2012年6月7日）

両親は自らの監督義務違反が存在しない旨を主張して、第2審である大阪高等裁判所でも争いましたが、裁判所は、「控訴人ら（筆者注：Aの両親）は、控訴人らがA（筆者注：サッカーボールを蹴った子供）に対し、通常のしつけをしてきたこと等から監督義務を尽くしていたこと、監督者として本件事故は予想できないこと等を主張する。しかし、子供が遊ぶ場合でも、周囲に危険を及ぼさないよう注意して遊ぶよう指導する義務があったものであり、校庭で遊ぶ以上どのような遊び方をしてもよいというものではないから、この点を理解させていなかった点で、控訴人らが監督義務を尽くさなかったものと評価されるのはやむを得ないところである。」として、結局、第1審と同様に、両親の主張を認めず、損害賠償責任を認めました。

最高裁判所判決（2015年4月9日）

しかし、上告審である最高裁判所は、冒頭で述べたように、親権者である両親の責任を認めず、両親は損害賠償義務を負わないとの判断を示したのです。以下、判決文を引用しますので参考にしてください。

「満11歳の男子児童であるAが本件ゴールに向けてサッカーボールを蹴ったことは、ボールが本件道路に転がり出る可能性があり、本件道路を通行する第三者との関係では危険性を有する行為であったということができるものではあるが、Aは友人らと共に、放課後、児童らのために開放されていた本件校庭において、使用可能な状態で設置されていた本件ゴールに向けてフリーキックの練習をしていたのであり、このようなAの行為自体は、本件ゴールの後方に本件道路があることを考慮に入れても、本件校庭の日常的な使用方法として通常の行為である。また、本件ゴールにはゴールネットが張られ、その後方約10mの場所には本件校庭の南端に沿って南門及びネットフェンスが設置され、これらと本件道路との間には幅約1.8mの側溝があったのであり、本件ゴールに向けてボールを蹴ったとしても、ボールが本件道路上に出ることが常態であったものとはみられない。本件事故は、Aが本件ゴールに向けてサッカーボールを蹴ったところ、ボールが南門の門扉の上を越えて南門の前に架けられた橋の上を転がり、本件道路上に出たことにより、折から同所を進行していたBがこれを避けようとして生じたものであって、Aが、殊更に本件道路に向けてボールを蹴ったなどの事情もうかがわれない。…責任能力のない未成年者の親権者は、その直接的な監視下にない子の行動について、人身に危険が及ばないよう注意して行動するよう日頃から指導監督する義務があると解されるが、本件ゴールに向けたフリーキックの練習は、上記各事実に照らすと、通常は人身に危険が及ぶような行為であるとはいえない。また、親権者の直接的な監視下にない子の行動についての日頃の指導監督は、ある程度一般的なものとならざるを得ないから、通常は人身に危険が及ぶものとはみられない行為によってたまたま人身に損害を生じさせた場合は、当該行為について具体的に予見可能であるなど特別の事情が認められない限り、子に対する監督義務を尽くしていなかったとすべきではない。…Aの父母である上告人らは、危険な行為に及ばないよう日頃からAに通常のしつけをしていたというのであり、Aの本件における行為について具体的に予見可能であったなどの特別の事情があったこともうかがわれない。そうすると、本件の事実関係に照らせば、上告人らは、民法714条1項の監督義務者としての義務を怠らなかったというべきである。」

親の責任を限定した画期的判決

今回の最高裁判所判決は、今まで、あまりにも広範に捉えられていた親権者の監督責任を限定した画期的な判決であると、一般に評価されています。確かに、これまでなら、ほぼ無条件に賠償責任が認められてきた事案につき、「通常は人身に危険が及ぶものとはみられない行為によってたまたま人身に損害を生じさせた場合は、当該行為について具体的に予見可能であるなど特別の事情が認められない限り、子に対する監督義務を尽くしていなかったとすべきではない」とし、親権者の監督責任に一定の条件を示した点は画期的と言えます。

報道によれば、両親側の代理人は記者会見で、「今回のケースで親に責任を負わせれば、今後は子供を常に監視するか、屋外での球技を禁止するしかなかった。」と述べています。普通の遊びで起きる事故を具体的に予想して子供をしつけるのは現実的には困難ですから、通常のしつけをしていれば親権者が責任を負うことはないというのは常識的な判断だと思われます。その一方で、判決が拡大解釈され、被害者が救済されないまま放置されかねないとの問題意識から、今回の最高裁判所判決には懸念も示されています。

今後の訴訟では従来と異なり、個別の事案ごとに監督義務者が免責されるような場合か否かが検討されることになると考えられますが、監督義務者が免責される場合が増加すると、被害者が事実上何らの救済も受けない可能性が出てきます。事故を恐れて、過度に校庭や公園の使用を制限するなどしたのでは子供の成長を阻害することにもなりかねません。他方、その結果として生じた事故という理由で、被害者が救済されなくなるのも問題です。今回の最高裁判所判決を受けて、賠償保険の拡充など、被害者の救済方法を社会全体で考えるべきであるとの主張もなされているようです。これは、CASE6で指摘した問題状況とまったく同じであり、何らかの対策が講じられることが期待されます。

親ではなく学校関係者に責任が認められた事例

本件のような事故の場合、学校関係者に責任が認められる可能性もありますので、最後にその点について説明したいと思います。すなわち、未成年者の加害行為がもっぱら代理監督者（学校教諭、学校長など）にのみ委ねられている生活関係において行われ、その代理監督者が監督責任を負う場合に、親権者の責任が否定された裁判例があります。

たとえば、宇都宮地方裁判所・1993年3月4日判決では、図工の授業中に誤って同級生に目を刺され小学校2年生が負傷した事案について、以下の理由を挙げ、担当教諭の責任を認めました。

「一般に小学2年生は十分な判断能力、自律能力に欠けている上、本件授業は、小学2年生が扱う用具としては非常に危険なハサミを使って作業を行うという内容であり、しかも、授業中、他の児童の作品を見るために自分の座席を離れることも認められていたのであるから、このような授業を担当する教諭としては、単に口頭でハサミの使用方法についての注意を与えるだけではなく、右注意をうっかり忘れてハサミを持ち歩く児童もあり得ることを想定して、可能な限り教室内の児童の行動を見守り、注意に反する行動に出た児童に対しては、適宜注意・指導を与えるべき注意義務があったというべきである。ところが、前記認定によれば、本件事故は被告Ａ教諭が各児童に対して個別に作業についての指導を行うために教室内を見回っていた間に発生したものであり、自分の座席を離れる児童が数名いた上に、本件事故発生までに、甲（筆者注：加害者の児童）は自分の座席を離れて原告（筆者注：負傷した児童）の座席までハサミを持ったまま歩いていき、同人の座席の周りを一周していたにもかかわらず、同被告は甲の右行動にまったく気付かなかったというのであるから、同被告には前記のような教室内の児童の動静を見守るべき義務に反する過失があったというべきであり、その結果、原告に傷害を与えることになったものと認められる」

他方、加害児童である甲の両親の責任は否定しています。その理由は次の通りです。

「自分の行為についてその責任を弁識する能力のない児童が不法行為を行った場合には、その全生活関係について監督義務を負うべき親権者が、原則として、右不法行為による損害を弁償すべき責任を負う。児童が右不法行為を行ったときに小学校教育のために学校長等の指導監督の下に置かれ、学校長等が代理監督義務者としての責任を負うとしても、そのことによって親権者の右責任が当然に免除されることにはならない。しかし、右不法行為の行われた時間・場所、その態様、児童の年齢等から判断して、当該行為が学校生活において通常発生することが予想できる態様のものであり、もっぱら代理監督義務者の監督下で行われたと認められる場合には、親権者は、その監督義務を怠らなかったとして、責任を免れると解される。甲（筆者注：加害者の児童）は、本件事故当時小学校2年生で、自分の行為について責任を弁識する能力がなかったのであるから、…その親権者である被告Ｂ及び同Ｃ（筆者注：加害児童である甲の両親）は、本件事故により原告（筆者注：負傷した児童）の被った損害を賠償する責任を負うかのようである。しかし、…本件事故は、ハサミを使用する図工の授業中に、甲がハサミを持ったまま自分の座席を離れて、原告に近づいたときに発生したものであり、…甲は、小学校2年生の児童としては比較的言いつけを守り、普段から粗暴な行動も見られない児童であったと認められるから、本件事故はハサミの使用という小学校2年生の授業の中では児童間での傷害が生じやすい作業の中で、その危険が現実化したものであり、格別甲の個人的な能力・性格等に基づくものではなく、もっぱら学校長等の代理監督義務者の監督下で発生したものというべきである。以上によれば、被告B及び同Cは、甲に対する監督義務を怠っていなかったものと認められるから、同人の不法行為に対する親権者としての責任を免れるものと解される」

以上のように、例外的にではありますが、加害児童の親ではなく学校関係者に責任が認められるケースもあるということです。

CASE8
息子が同級生からいじめで大ケガ、法的手段は？

【相談】

「T彦がバットで殴られたの。救急車で運ばれて…」。スマートフォンから動転した妻の叫び声が飛び込んできます。小学校４年生の長男が大ケガをしたという“緊急通報”を受けたのは、スマホをマナーモードにしていた会議中のこと。大事な会合の最中だったため、３度目の呼び出しバイブレーションで電話に出ました。「会議なので後からかけ直すよ」と電話を切ろうしましたが、事の次第を聞き、慌てて会議を退出、長男が搬送された病院に向かいました。病院には担任の先生も来ていました。息子の上半身は、包帯でぐるぐる巻きにされています。ギプスの隆起も痛々しく、肋骨骨折で全治２ヶ月の重傷ですが、幸い後遺障害は残らないとのことです。

「事故ですか、事件ですか？」と、担任の先生に聞きました。

「バットで殴られたのです」と先生。

「不審者？　それとも野球の試合中の事故？」とたたみかける私。

「実は同級生のＡ君が振り回してしまって…」

なんと、“犯人”は息子の同級生Ａ君だというのです。Ａ君は学校ではちょっとした“有名人”です。授業中におとなしく座っていることは、まずありません。大声を出す、席を立って廊下を歩き回る、保健室を休憩所代わりにする、同級生に暴力をふるうといった問題行動で先生方も頭を抱えています。Ａ君の両親もちょっと変わった人たちで、学校からの指導など気にも留めず、子供は多少元気すぎるくらいが良いなどと公言しています。息子は昼休みに校庭で遊んでいるときに、いきなりバットで殴られたようです。息子に改めて話を聞いてみると、息子は、Ａ君から日常的に嫌がらせや首を絞められる等のいじめを

受けていたようであり、今回、息子がいじめに対して抵抗したところ、いきなり近くにあったバットで殴られたということが分かりました。痛々しく横たわる長男の姿に、怒りがこみ上げてきました。

私たち夫婦としては、今後、損害賠償請求等を行っていくことになりますが、誰に対して、どのような損害賠償、慰謝料を請求すればよいでしょうか。また、息子に与えられた損害を請求するのは当然と思いますが、それに加えて、私ども夫婦は直接暴行を受けたわけでは無いものの、息子の大怪我で大変な精神的ショックを受けたので、その分についても何らかの償いをさせたいと思いますが可能でしょうか。

さらに、いじめを放置してきた学校にも問題があると思います。調査したところ、同級生たちが、息子がＡ君にいじめられていることを担任や学年主任の先生に２年生の頃から知らせていたのに、学校側はＡ君にいじめをやめるように指導していなかったということです。私は、学校に対して、息子のいじめについて効果的な対応を取らず、２年近くも、Ａ君のいじめを継続させ今回のような事態を招いたことについても、学校の責任を問いたいと思っています。どのような場合に、学校側はいじめ問題の責任を負うのか、教えてください。

「いじめ」の社会問題化

大津市で2011年10月、いじめを受けていた市立中学2年の男子生徒が自殺した事件などを契機として、いじめの社会問題化が顕著になっています。文部科学省によれば、「いじめ」とは、従前、「①自分より弱い者に対して一方的に、②身体的・心理的攻撃を継続的に加え、③相手が深刻な苦痛を感じているもの。なお起こった場所は学校の内外を問わない。」とされていました。しかし、2007年1月、同省によって新定義が発表され、「当該児童生徒が、一定の人間関係のある者から、心理的・物理的な攻撃を受けたことにより、精神的な苦痛を感じているもの」とされ、個々の行為が「いじめ」に当たるか否かの判断は、表面的・形式的に行うことなく、いじめられた児童生徒の立場に立って行うものと見直されています。つまり、従来の定義の中にあった「一方的」「継続的」「深刻な」といった文言を削除し、いじめの範囲を拡大する方向で修正されたわけです。さらに、大津市の事件を受けて、2013年6月28日、与野党の議員立法によって成立し、同年9月28日に施行された「いじめ防止対策推進法」において、「いじめ」とは、「児童生徒に対して、当該児童生徒が在籍する学校に在籍している等当該児童生徒と一定の人的関係にある他の児童生徒が行う、心理的又は物理的な影響を与える行為（インターネットを通じて行われるものを含む。）であって、当該行為の対象となった児童生徒が心身の苦痛を感じているもの」と定義しています。

そして、このような「いじめ」の定義の変遷そのものが、その概念が幅広く不定型なものであり、いじめか否かの判断が難しいものであることを物語っていると思われます。現に、2016年、福島県から横浜市の小学校に転入した少年に対し、同級生から名前に菌をつけて呼ばれるなどのいじめを受けたほか、「東京電力から賠償金をもらっているだろう」などと言われて、ゲームセンターで多額のお金を支払わされたりしたため不登校になったという事案においては、横浜市教育委員会が、金銭授受に関し「いじめと認定するのは難しい」という見解を一旦表明したものの、その後、批判が殺到し、「金銭授受の部分もいじめの一部として認識し、再発防止に取り組む」と方針転換するといった、混乱も生じています。

ちなみに、文部科学省の調査では、いじめの態様として、次のような行為が挙げられています（カッコ内は全体の認知件数の中での割合であり、複数回答可なので合計は100％を超えます）。

① 冷やかしやからかい、悪口や脅し文句、嫌なことを言われる（65.9％）

② 軽くぶつかられたり、遊ぶふりをして叩かれたり、蹴られたりす

る（22.3％）

③　仲間はずれ、集団による無視をされる（19.7％）

④　金品を隠されたり、盗まれたり、壊されたり、捨てられたりする（7.8％）

⑤　嫌なことや恥ずかしいこと、危険なことをされたり、させられたりする（7.1％）

⑥　ひどくぶつかられたり、叩かれたり、蹴られたりする（7.0％）

⑦　パソコンや携帯電話等で、誹謗中傷や嫌なことをされる（4.3％）

⑧　金品をたかられる（2.5％）

誰に対して責任追及するか？

こうしたいじめについて、誰に対して責任追及するか、換言すれば誰に対して損害賠償を請求していくかですが、言うまでもなく、原則としては「加害者」であるいじめをした者に対して請求することになります。民法709条は、「故意又は過失によって他人の権利又は法律上保護される利益を侵害した者は、これによって生じた損害を賠償する責任を負う」と規定しています。

ただ、既にCASE7で説明したように、加害者である少年が10歳であれば、その責任能力は通常認められません。そこで、こうした場合に備えた規定である、民法714条により、親権者である両親に対して、その監督を怠ったとして、監督義務責任を追及することになります。

なお、仮にいじめを行ったAがたとえば15歳で責任能力を有するような場合であっても、親に対する責任追及は可能です。中学3年の少年（15歳）が中学1年の少年を殺害してその所持金を奪った事件につき、最高裁判所は、加害少年自身の損害賠償責任を認めたほか、その両親の生活態度、子に対する教育・しつけの欠陥の著しさ等を認定し、それらが原因となって子の非行性が現われていたとして、両親の賠償責任も認めています（1974年3月22日判決）。

どのような損害を請求できるか？

では、どのような損害を、Aの両親に請求することができるのでしょうか。加害者であるAの暴力行為によって損害を直接的に被ったのは、相談者の息子さんであり、息子さんは、被害者として当然に、被った損害の賠償を請求する権利があります（息子さんは未成年者ですから、実際には、親権者である両親が賠償請求していくことになります）。具体的には、治療費、診断書作成費用、入院に伴う付添費、入院雑費、通院交通費、傷害慰謝料等を損害として請求することができます。また、通院や通学に伴う付添費が認められる可能性もあります。この点、裁判になった場合には、交通事故と同様の基準で損害を算定することになり、交通事故裁判で集積された膨大な判例によって、ある程度画一的な基準ができており、それらは「民事交通事故訴訟『損害賠償額算定基準』」という刊行物（いわゆる「赤本」）において詳細な解説がなされています。非常に細かい話になりますので、ここでは割愛しますが、興味のある方は、同書をご覧になってみてください。

親の慰謝料請求は認められるか

では、ご両親は直接暴行を受けたわけではありませんが、息子さんが重傷を負わされたことに対して精神的損害を被ったとして、ご両親独自の慰謝料を請求することができるでしょうか。

慰謝料とは、精神的苦痛を慰謝するために認められる金銭のことなのですが、日本の裁判所が認める精神的損害の額は、概ね一般の方が期待する額に比べてずっと低額となることが多いのが現状であり、裁判で大きな額が認定される見込みはそれほどありません。ただ、本件のような事例において、多くの被害者のご両親が、額は少なくてもよいので、子供の分とは別に、自分たちが苦しんだ分を何とか請求したいと希望されますし、その気持ちも十分に理解できます。この点、民法711条は、「他人の生命を侵害した者は、被害者の父母、配偶者及び子に対しては、その財産権が侵害されなかった場合においても、損害の賠償をしなければならない」と規定し、被害者が死亡した場合には、近親者も慰謝料請求することができる旨を明記しています。

では、本件のように被害者が傷害を負うにとどまった場合はどうでしょうか。裁判所は、第三者の不法行為によって身体を害された者の両親は、そのために被害者が生命を害された場合にも比肩すべきか、またはその場合に比して著しく劣らない程度の精神的苦痛を受けたときに限り、自己の権利として慰謝料等の請求をすることができるとしています。たとえば、最高裁判所・1958年8月5日判決は、10歳の女児が交通事故によって顔面に傷害を受けた結果、将来整形手術をしても除去しえない著明な瘢痕を残すに至った例について、親の慰謝料請求を認めました。他方、最高裁判所・1969年4月24日判決は、5歳8ヶ月の男児が、交通事故によって頭部打撲による脳震盪、右側頭き裂骨折の重傷を負って25日間入院し、かつ事故当時意識不明の状態に陥ったという例については、親の慰謝料請求を認めていません。

したがって、被害の重大さによっては、親が自己の権利として慰謝料を請求できる場合がありますが、極めて限定的にしか判例上は認められておらず、本件では、打ち所が悪ければ命を失っていたかもしれないような大けがであったとしても、後遺障害が残っていないことなどから考えると、相談者が、自己の権利として慰謝料を請求していくことはなかなか難しいと思われます。ただ、前記のように、親としての気持ちは十分に理解できますし、その気持ちに対して、裁判所も配慮してくれ、事案によっては、子供の慰謝料請求額に、事実上親の分を上乗せしてくれるといった配慮をしてくれることもありますから、たとえ認められる可能性が低いとしても、自分の気持ちの整理という意味から、遠慮せずに権利行使してみることを検討されてはいかがでしょうか。

学校に対する責任追及

では、Aの親以外に損害賠償請求を求めていく対象はあるでしょうか。本件は学校内でのいじめが発展した結果のようであり、しかも昼休みに校庭で遊んでいた時という、学校の施設内で発生した場合ですから、学校に対しても責任を追及することが考えられます。

この点、裁判実務では、教師が、いじめの問題を予見することができたのに（予見可能性）、予見しなかった（予見義務違反）、あるいは、いじめの問題を予見したにもかかわらず、然るべき措置を行わなかった（安全保持義務違反）かどうかという点が問題になります。すなわち学校は、「いじめ問題をきちんと予見する責任」「いじめ問題に的確に対応する責任」があったのにもかかわらず、それを怠ったから損害賠償責任を負うということになるわけです。

金沢地方裁判所・1996年10月25日判決は、「学校教育の場における教育活動及びこれと密接に関連する生活関係については、学校長を始めとする教職員らには、児童の生命・身体等の安全に万全を期すべき義務があることはいうまでもないところであり、児童の生命・身体等に関わる事故が発生することが予見され、これを回避できるにもかかわらず、右義務を怠った場合には、学校の設置者である地方公共団体等は、国家賠償法一条に基づいて、児童が被った損害を賠償すべき責任を負わなければならない。」と判示しています。

予見可能性と予見義務違反

裁判実務では、「予見可能性」について争点となることが少なくありません。これは、いじめ問題の特徴である、いじめを予見することの困難性という特殊事情に原因があります。いじめは、一般的に教師の目の届かないところで密かに始まること、被害者の身体に対する直接の有形力行使を伴わないことも多いこと（外傷のような証拠が残らない）、被害者が報復を恐れたり、自らのプライドから直ちに教師や親に被害事実を告げないこと、周囲の生徒も関与することで自分に問題が波及することを恐れて、傍観・放置することが少なくないこと等により、なかなか表に出てこず、予見することが困難であるとの事情が問題を難しいものとしているわけです。また個々の被害が発覚しても、これが突発的な生徒間事故なのか、あるいは継続的いじめなのかという判別が困難であるという事情もあります。

ではどのような場合に、学校側において、いじめの「予見義務」の前提となる「予見可能性」が認定されるかですが、過去の裁判例からみると、以下のような事情の存在が挙げられると思われます。

⑴ 教師が暴力事件等を現認していた場合、特に同一人が被害者となる暴力事件が複数回にわたって発生した場合
⑵ 被害者、家族、他の生徒等からいじめの申告があった場合
⑶ 被害者に不審な傷跡がある、不自然な金銭支出、教師から見て理由のない欠席や遅刻、早退の増加等、不審な態度が認められる場合
⑷ 加害者が過去にいじめの加害者になっていた場合や被害者が過去にいじめの被害者になっていた場合
⑸ 当該被害者、加害者以外の他の児童生徒の間でもいじめが多発している場合

一般的には、このような事情が存在する場合、通常の教師であれば、いじめ問題の存在を予見することが可能と認められ、その結果、予見義務も認められるとの認定になりやすいということです。そして、予見義務が認められるにもかかわらず、教師がいじめ問題の存在を予見しなかった場合には、学校側への責任追及につながっていくことになります。

安全保持義務違反

また、いじめの問題を予見したにもかかわらず、しかるべき措置を行わなかった場合、すなわち、安全保持義務（安全配慮義務などとも呼ばれます）違反の場合も同様に、学校側に対して責任追及していくことが可能になります。

学校側が負う安全保持義務の内容は、児童・生徒の年齢・学年、事故の発生した機会（授業中、休憩時間・放課後か）等が要素となると考えられていますので、事案ごとに、学校側が負う安全保持義務の内容は異なり、この内容に応じて、学校側が損害賠償責任を負うかどうかが判断されることとなります。

東京地方裁判所・1991年3月27日判決（いわゆる中野富士見中事件判決）では、教員等には、被害児童に対する身体への重要な危険または社会通念上許容できないような深刻な精神的・肉体的苦痛を招来することが具体的に予見されたにもかかわらず、過失によってこれを阻止するためにとることができた方策をとらなかったものとして、安全保持義務への違背があると判示し、損害賠償請求を認めています。この判決は、安全保持義務につき、一般論として次のように述べています。

「学校設置者は、心身の発達過程にある多数の生徒を集団的にその包括的かつ継続的な支配監督下に置き、その支配し管理する学校の施設や設備において所定の教育計画に従って教育を施すのであるから、このような特別の法律関係に入った者に対する支配管理者的立場にある者の義務として、当然に、それより生じる一切の危険から生徒を保護すべき債務を負うものというべきである。…このような安全保持義務は、単に学校教育の場自体においてのみならず、これと密接に関連する生活場面において他の生徒からもたらされる生命、身体等への危険にも及ぶものであって、このような場合、教諭その他の学校教育の任に当たる者としては、その職務として、生徒の心身の発達状態に応じ、具体的な状況下で、生徒の行為として通常予想される範囲内において、加害生徒に対する指導、監督義務を尽くして加害行為を防止するとともに、生命、身体等への危険から被害生徒の安全を確保して被害発生を防止し、いわゆる学校事故の発生を防止すべき注意義務がある。…学校設置者等は、…学校教育の場及びこれと密接に関連する生活場面における生徒の生活実態をきめ細かく観察して常にその動向を把握することに努め、当該具体的な状況下においていじめによる生徒の生命若しくは身体等への危険が顕在化し又はそれが実に予想される場合においては、当該危険の重大性と切迫性の度合に応じて、生徒全体に対する一般的な指導、関係生徒等に対する個別的な指導・説諭による介入・調整、保護者との連携による対応、出席停止又は学校内謹慎等の措置、学校指定の変更又は区域外就学についての具申、警察への援助要請、児童相談所又は家庭裁判所への通知等の方策のいずれかの然るべき措置又は二以上のそれを同時に若しくは段階的に講ずることによって、生命、身体等に対する被害の発生を阻止して生徒の安全を確保すべき義務があるものというべきである。」

いじめ防止対策推進法

前述した「いじめ防止対策推進法」では、学校の設置者及び学校が講ずべき基本施策として、①道徳教育等の充実、②早期発見のための措置、③相談体制の整備、④インターネットを通じて行われるいじめに対する対策の推進を定めるとともに、国及び地方公共団体が講ずべき基本的施策として、⑤いじめの防止等の対策に従事する人材の確保等、⑥調査研究の推進、⑦啓発活動について定めることなどが明記されています。また学校は、いじめの防止等に関する措置を実効的に行うため、複数の教職員、心理、福祉等の専門家その他の関係者により構成される組織を置くことが定められているほか、個別のいじめに対し学校が講ずべき措置として、①いじめの事実確認、②いじめを受けた児童生徒又はその保護者に対する支援、③いじめを行った児童生徒に対する指導又はその保護者に対する助言について定めるとともに、いじめが犯罪行為として取り扱われるべきものであると認めるときの所轄警察署との連携について定めることなどが挙げられています。さらに、懲戒、出席停止制度の適切な運用等その他いじめの防止等に関する措置を定めることなども求められています。

本件事案における学校への責任追及

本件相談の事案は、学校の昼休み中に校庭で遊んでいる際に、バットで殴られたというものであり、それは日常的ないじめが発展したものであって、Aの問題行動は誰もが認識していたというのですから、学校側の責任を追及していくことも可能かと思われます。なお、本件事案に似た事案に対する判断として、次のような裁判例があります。

大阪地方裁判所・1995年3月24日判決は、市立中学3年生の被害者が、校内で、同学年の生徒からいわれのない暴行を受け、外傷性脾臓破裂等の傷害を負わされた事案ですが、学校側が、加害生徒による今回の被害者に対する日常の暴力行為は把握していなかったけれども、加害生徒の問題行動や他の生徒への暴力行為については把握していたという状況において、本件暴行事件が起こらないようにするために、学校側で何らかの適切な措置を講じ得たのに、本件暴行行為を未然に防止すべき義務を怠った過失があったとし、学校の管理者である市に対して、加害生徒と連帯して、後遺症による逸失利益や慰謝料等について、合計2400万円余りの損害の賠償責任を認めています。この判決は、次のように判示していますので参考にしてみてください。

「学校側は、日頃から生徒の動静を観察し、生徒やその家族から暴力行為（いじめ）についての具体的な申告があった場合はもちろん、そのような具体的な申告がない場合であっても、一般に暴力行為（いじめ）等が人目に付かないところで行われ、被害を受けている生徒も仕返しをおそれるあまり、暴力行為（いじめ）等を否定したり、申告しないことも少なくないので、学校側は、あらゆる機会をとらえて暴力行為（いじめ）等が行われているかどうかについて細心の注意を払い、暴力行為（いじめ）等の存在がうかがわれる場合には、関係生徒及び保護者らから事情聴取をするなどして、その実態を調査し、表面的な判定で一過性のものと決めつけずに、実態に応じた適切な防止措置（結果発生回避の措置）を取る義務があるというべきである。そして、このような義務は学校長のみが負うものではなく、学校全体として、教頭をはじめとするすべての教員にあるものといわなければならない。」

教育現場の奮起に期待

兵庫県加古川市立中学２年の女子生徒（当時14）が2016年9月に自殺したことにつき、市教育委員会が設けた第三者委員会は、2017年12月23日、いじめが自殺の原因だったと認定する調査結果を発表しました。校内で実施された学校生活アンケートでは、当該生徒がいじめられている旨の回答をしたにもかかわらず、学校はいじめと認識せず何も対応しなかったということです。第三者委は報告書において、アンケート時点で学校が対応していれば、自殺をせずにすんだと考えるのが合理的と指摘し、いじめの理解と認識が教職員間で共有されず、組織的に対応されなかったなどの問題があると厳しく指摘しています。生徒が自ら命を絶つという、痛ましい事件が二度と起こらないよう、教育現場の反省と真摯な取り組みを期待したいと思います。

CASE9
娘の裸の写真がネットに流出、どうすればいい？

【相談】

　最近、大学生の娘の元気がないので、さりげなく聞いてみると、はじめは「別に…なんでもないよ」と答えていました。でも、その様子はその後も一向に変わらず、むしろ落ち込む一方です。そこで先日、思い切って問いただしてみました。

「何があった。お父さんの目を見て、ちゃんと答えなさい」

　すると、消えうせそうな声で、「自分の裸の画像がネットに掲載されている」と言うではありませんか。驚いてそのネットを見ると、確かにそのとおりです。さらに問い詰めると、SNSで知り合った人から、「お互いに裸の写真を交換しよう」と言われ、つい送ってしまったそうです。「同年代の女の子なら大丈夫」と思ったそうなのですが、うちの娘とその人のやりとりでちょっとしたトラブルがあって、「気がついたら画像がインターネットにアップされていた」というのです。

　娘の裸の写真はすでにネット上のいろいろなところに出回っているようです。娘は「１枚の写真を消してみてもどうなるものではない」と言ったきり、泣き崩れてしまいました。しかも、その後分かったことなのですが、同年代の女の子と思っていた相手は、実は男性だったようなのです。娘はいまも「恥ずかしくて学校にも行けない」と泣いています。外出もほとんどしなくなりました。私としてはまず、その男がネット上にアップした画像を消した上で、その男にきちんと自分の行ったことの法的責任を取らせようと思います。一体どの様にすれば良いでしょうか。何か方法はありませんか。

三鷹ストーカー殺人事件

加害男性が、元恋人である被害女性（当時18歳）のプライベートの写真と映像をウェブサイトを通じ拡散させた「三鷹ストーカー殺人事件」（2013年10月8日）を契機として、「リベンジポルノ」が社会問題化したのを覚えている方も多いと思います。この事件では、加害男性が元恋人を殺害したとして、殺人罪などの罪に問われ、裁判は紆余曲折を経た上で（裁判の複雑な経緯については割愛します）、最終的には、2017年1月24日、東京高等裁判所によって、東京地方裁判所立川支部判決の判示内容が支持され、懲役22年で確定しました。

リベンジポルノ防止法成立の経緯

この事件における1人の女性の死を契機として、2014年11月19日、国会で「私事性的画像記録の提供等による被害の防止に関する法律」（リベンジポルノ防止法）が成立しました。

スマートフォンの普及に伴い、誰もが簡単にインターネットにつながるようになり、その結果、交際中に撮影した元交際相手に関する性的画像を、撮影対象者の同意なく、インターネットの掲示板に公表することで、被害者が長期間に渡り大きな精神的苦痛を受ける被害が発生するようになりました。こうした行為は、「リベンジポルノ」と呼ばれていますが、従来は、以前からある法規制（名誉毀損罪やわいせつ物頒布罪など）によって対処されてきました。ただ、名誉毀損罪が成立するためには、被写体の社会的評価が害されたことを立証する必要があります。また、わいせつ物頒布罪が成立するためには、画像や動画がわいせつ物に該当する必要があるなど、状況によっては立件が難しい場合があると指摘されてきました。そこで、三鷹ストーカー殺人事件が契機となり、個人の名誉と私生活の平穏（プライバシー）の侵害による被害の発生や拡大の防止を目的として、「私事性的画像記録」の提供などを処罰するとともに、プロバイダ責任制限法の特例、被害者に対する支援制度の整備などを規定するリベンジポルノ防止法が制定されることとなったのです。

私事性的画像記録とは

上記のように、リベンジポルノ防止法は「私事性的画像記録」を不特定の者や多数の者に提供する行為などを処罰する法律です。では、「私事性的画像記録」とは何でしょうか。リベンジポルノ防止法は、その2条1項で、「私事性的画像記録」を次のように定義しています。

「次の各号のいずれかに掲げる人の姿態が撮影された画像（撮影の対象とされた者において、撮影をした者、撮影対象者及び撮影対象者から提供を受けた者以外の者が閲覧することを認識した上で、任意に撮影を承諾し又は撮影をしたものを除く）に係る電磁的記録（電子的方式、磁気的方式その他人の知覚によっては認識することができない方式で作られる記録であって、電子計算機による情報処理の用に供されるものをいう）その他の記録」

①性交又は性交類似行為に係る人の姿態（1号）

②他人が人の性器等（性器、肛門又は乳首をいう）を触る行為又は人が他人の性器等を触る行為に係る人の姿態であって性欲を興奮させ又は刺激するもの（2号）

③衣服の全部又は一部を着けない人の姿態であって、殊更に人の性的な部位（性器等若しくはその周辺部、臀部又は胸部をいう。）が露出され又は強調されているものであり、かつ、性欲を興奮させ又は刺激するもの（3号）

本人が第三者に見られることを認識した上での記録は除く

法律の条文上、「撮影対象者において、撮影をした者、撮影対象者及び撮影対象者から提供を受けた者以外の者が閲覧することを認識した上で、任意に撮影を承諾し、又は撮影したものを除く」とされたのは理由があります。つまり、第三者に公開することを前提として、撮影に応じたものや自ら撮影したものについては、これが第三者に提供等されたとしても、性的名誉及び性的プライバシーの侵害があったとは評価できないことから、こうしたものを除く趣旨であるとされています。

したがって、たとえば誰にも見せない約束で撮影を許可した画像、交際相手だけに見せるつもりで自ら撮影した画像、交際相手に隠し撮りされた画像、第三者による盗撮画像等であって、前記①から③のいずれかの姿態が撮影されたものなどは、「私事性的画像記録」に該当し、法の保護対象となり得ます。

他方、アダルトビデオ、グラビア写真など、商業目的で作成された画像や、第三者に見られることを認識して撮影を許可した画像、などは、保護対象とはならないと考えられます。

なお、上記定義は、「児童買春、児童ポルノに係る行為等の規制及び処罰並びに児童の保護等に関する法律」（「児童ポルノ禁止法」）での定義にならったものですが、児童ポルノ防止法と異なり、18歳未満を対象とするといった年齢要件は設けられていません。

リベンジポルノ防止法における禁止行為及び罰則

（1）私事性的画像記録公表罪

リベンジポルノ防止法3条1項は、「第三者が撮影対象者を特定することができる方法で、電気通信回線を通じて私事性的画像記録を不特定又は多数の者に提供した」場合、「3年以下の懲役又は50万円以下の罰金に処する」と規定しています。ここでいう「第三者」とは、撮影者、撮影対象者及び撮影対象者から提供を受けた者以外の者をいうとされています。また、「撮影対象者を特定することができる方法で」とは、画像自体から特定可能な場合のほか、添えられた文言、掲載した場所等の画像以外の部分から特定可能な場合を含むとされています。

(2) 私事性的画像記録物公表罪

リベンジポルノ防止法3条2項では、同条1項で規定する方法で、「私事性的画像記録物を不特定若しくは多数の者に提供し、又は公然と陳列した」場合も「3年以下の懲役又は50万円以下の罰金に処する」とされています。(1) と異なり、ここでは「私事性的画像記録」ではなく、「私事性的画像記録物」となっています。「私事性的画像記録物」とは、前記①～③を撮影した画像を記録した有体物（写真、CD-ROM、USBメモリーなど）のことを意味します。

(3) 公表目的提供罪

リベンジポルノ防止法3条3項では、「前2項の行為をさせる目的で、電気通信回線を通じて私事性的画像記録を提供し、又は私事性的画像記録物を提供した者は、1年以下の懲役又は30万円以下の罰金に処する」としています。

たとえば、LINE等によって拡散目的で特定少数者に提供した者が同罪に該当します。公表目的での提供行為は公表の前段階の行為ではありますが、公表させる目的で提供した場合には提供を受けた者による公表行為が行われ、撮影対象者に重大かつ回復困難な被害が生ずる可能性が高いことなどから、処罰対象とされているわけです。

親告罪であるということ

リベンジポルノ防止法が規定する上記犯罪は、公訴が提起された場合、改めて被害者の性的プライバシーを侵害するおそれがあることから、名誉毀損罪などと同様、告訴がなければ公訴を提起することができない親告罪とされています。他方、親告罪であることによって、被害者が告訴するかどうかの判断を迫られることになり、逆に被害者の負担が大きくなっているとの指摘もあります。

2017年7月13日、刑法の性犯罪規定を改正し厳罰化するための改正刑法が施行され（性犯罪に関する刑法の大幅改正は、明治40年の制定以来、約110年ぶり）、強制性交等罪（旧強姦罪）や強制わいせつ罪などは非親告罪になりました。こうした動きからして、リベンジポルノ防止法についても同様に、非親告罪にすることが、今後検討されていくのではないかと思われます。

相談者のケース

相談者の娘さんのケースも、裸の写真ということですから、2条1項3号の「衣服の全部又は一部を着けない人の姿態であって、殊更に人の性的な部位（性器等若しくはその周辺部、臀部又は胸部をいう）が露出され又は強調されているものであり、かつ、性欲を興奮させ又は刺激するもの」が撮影された画像に該当すると考えられます。また、女の子同士で交換しようとしただけで、第三者への公開に同意していたわけではありませんので、「撮影対象者において、撮影をした者、撮影対象者及び撮影対象者から提供を受けた者以外の者が閲覧することを認識した上で、任意に撮影を承諾し、又は撮影したもの」でもありません。写真を渡した相手が、「第三者が撮影対象者を特定することができる方法」でインターネットに公開したのであれば、私事性的画像記録公表罪に該当すると思われますので、告訴することが可能と思われます。

ちなみに、「第三者が撮影対象者を特定することができる方法」で公開することが要件とされていますが、たとえば、後姿や顔が分からないよう加工した写真をツイッター―などに投稿した場合であっても、女性のあだ名などが記載されることによって、知人であれば撮影対象者を特定できるのであれば、同罪に該当します。現に、同様の行為について逮捕者も出ています。

ちなみに、「リベンジポルノ防止法」というタイトルから、リベンジ（復讐）目的での犯罪を処罰対象とすると一般に認識されているようですが、本罪は、「復讐」の目的を要件としていません。復讐の意思がまったくなくとも、撮影対象者の同意がなければ処罰対象となり、相談者の娘さんのケースも立件され得ると考えられます。

ネットからの情報の削除

ここまで刑事責任について解説してきましたが、この種の事案では、被害回復が非常に重要となります。つまり、情報の削除の問題です。

現状のプロバイダ責任制限法では、プロバイダーにおいて、発信者により発信された情報によって他人の権利が不当に侵害されていると信じるに足りる理由があったときは、情報を削除しても、発信者に対して損害賠償責任を負わないとされています（3条2項1号）。プロバイダーがネット上の権利侵害に対し適切・迅速に対処できるように配慮した規定です。そして、プロバイダ責任制限法では、権利を侵害されたとする者（つまり被害者）から違法情報の削除の申し出があった場合、プロバイダーは当該情報の発信者に対し、削除に同意するか否か照会して、7日間経過しても不同意の申し出がない場合には当該情報を削除しても、発信者に対して損害賠償責任を負わないという明確な基準も設けられています。そして、リベンジポルノ防止法においては、上記の「7日間」を「2日間」に短縮する特例が設けられています。「私事性的画像記録」がインターネットを介していったん提供されてしまうと、その拡散は極めて早く、被害者が受ける損害は重大で回復困難なため、削除の緊急性が非常に高いことを考慮したためです。

削除の申出の主体は原則として、被害者である撮影対象者本人とされています。ただし撮影対象者が死亡している場合には、配偶者、直系の親族又は兄弟が申し出ることも認められています。相談者の娘さんのケースでも、刑事罰を求める告訴とともに、リベンジポルノ防止法に基づき、画像の削除要求をプロバイダーに対して速やかに行うべきです。

なお、警察庁の通達では、次のような運用上の留意事項が挙げられています。

「私事性的画像記録がインターネットを通じて公表された場合の被害者の要望は、まずもって当該画像の削除である場合が多いと考えられることから、警察としても、被害の継続・拡大を防止するため、私事性的画像記録に係る相談を受理した場合には、捜査上の支障等がない限り、速やかに、当該画像の削除申出方法等を教示し、警察が直接削除依頼を行うことが適当と認められる場合には、サイト管理者等に対する迅速な削除依頼を実施するなど、当該画像の流通・閲覧防止のための措置を執ること。また、同種行為の再発を防止する観点から、証拠物件の還付等の際には加害者の手元に当該私事性的画像記録等が残らないようにすること」

したがって、相談者の娘さんのケースも、警察に相談すれば、警察から削除を要請してもらうことも考えられると思われます。警察庁もそのホームページ上で「リベンジポルノ等の被害を防止するために」というお知らせの項目を設け、「拡散防止のためには、早急に公表された画像等を削除することが重要ですので、できる限り早く最寄りの警察署等へ相談してください」と呼びかけています。

ちなみに、2015年6月、米検索大手グーグルも、復讐の目的で元交際相手の裸の画像などをネット上に暴露するリベンジポルノについて、被害者からの要請に応じて検索結果から削除する対応に乗り出す方針を明らかにしています。ネット上の画像そのものが消えるわけではありませんが、今後、たとえ検索しても、検索結果に現れなくなることは、この種の事案における被害拡大の防止に役立つことが期待されます。

法律施行後の運用状況

福島地方裁判所郡山支部は2015年5月25日、リベンジポルノ防止法違反で逮捕された33歳の男性に対して、懲役1年6月、執行猶予3年の有罪判決を言い渡しました。元交際相手からストーカーと言われたことを逆恨みして、復讐目的で元交際相手の裸の写真約130枚をショッピングセンターの駐車場でばらまいたと事実認定されています。また、同年6月12日には、横浜地方裁判所が、元交際相手にLINEで「裸の写真をばらまく」とのメッセージを送って脅迫し、その後、元交際相手のわいせつな画像を本人と特定できるようにしてツイッター―に投稿した39歳の男性に対し、リベンジポルノ防止法違反などの罪で、懲役2年6月、保護観察付き執行猶予4年の有罪判決を言い渡しています。神奈川県警によると、この事案は、インターネットを利用したリベンジポルノ事件で、リベンジポルノ防止法違反容疑を全国で初めて適用したケースとのことです。

この種の被害に遭わないために

一番大事なのは、たとえ誰であっても、自分の裸の写真などを撮らせたり、送ったりしてはいけないことを肝に銘じるということです。事後的に刑事罰を求めたり削除要請したりすることは可能ですが、いったんネット上に掲載されてしまった場合、瞬時に拡散し完全に消去することは困難となってしまいます。

そして、仮に、裸の写真をネットに掲載されてしまった場合には、できるだけ早く警察などに相談し、被害を最小限に抑えることが重要です。相談者の娘さんの場合、既にネットに写真が掲載されているということですので、一刻も早く、まずは警察に相談して、被害が拡大しないように努めることが必要と思います。

なお、近時、SNS上で知り合った相手に、言葉巧みに性的な画像を送らせて、後に脅迫する「セクストーション」（性的脅迫）と呼ばれる犯罪が増加しており、こうした「自画撮り被害」の防止に向けて、東京都では、2017年12月、18歳未満の少年や少女に対して、自分の裸の画像を撮影して送るように脅したりする行為自体を禁止する条例を成立させました（改正青少年健全育成条例）。18歳未満の少年少女のわいせつな画像や動画はこれまで「児童買春・児童ポルノ禁止法」で規制されていましたが、要求する行為は対象ではありませんでした。この条例によって、要求をしただけでも規制の対象となるわけです。

スマートフォンの普及によって増加した、「自画撮り」による被害への対応は、今後も注目していくべきかと思います。

CASE10
血は繋がってなくても子供が欲しい！　特別養子縁組とは？

【相談】

結婚８年目、42歳の主婦です。不妊治療を長年続けてきましたが、子供を授かるには至っていません。子供が欲しいという気持ちに変わりはなく、養子についても関心を持って調べています。ただ以前、養子あっせんにおいて、養父母があっせん団体から寄付金の名目で多額の支払いを求められことを新聞で読んだ記憶があります。専門的なことは分かりませんが、法律が人身売買防止の観点から養子あっせんで利益を得ることを禁止しているにもかかわらず、一部の民間団体が、実費以外に、寄付金名目で多額の金銭を受領していたことが問題になっていたようでした。こういう事件を見ると、やはり日本では、養子というのは、まだ特別なものなのかなあと思ったりしてしまいます。

アメリカではアンジェリーナ・ジョリーとブラッド・ピットという人気俳優同士のカップルが、養子３人と実子３人、合わせて６人の子供を育てていて、来日のたびに多くの子供を連れてくるので何かと話題になっていましたが、自分の子供も養子も分け隔てなく育てているのを見ると、日本との文化の違いを感じてしまうのと同時に、うらやましくも思ったりしています。

日本では子供を望んでいるのに子宝に恵まれない夫婦が増えている中、従来、養子についてあまり語られてこなかったと思います。日本における養子の制度について詳しく教えてもらえないでしょうか。

ベビービジネス？

2013年7月、子供の養子縁組をあっせんする民間団体が、養子先の親から多額の“寄付金”などを受け取っている実態があることが問題となったことがあります。当時の報道によれば、ある団体は、あっせんの際に、実母の出産費用などの実費に加えて「エンジェル・フィー」などと称して、一律180万円を請求していたとのことです。こうしたケースは児童福祉法が禁止している営利目的のあっせんに当たる恐れがあり、東京都が立ち入り調査に入るなどして、世間の注目を集めました。

児童福祉法34条1項は、「何人も、次に掲げる行為をしてはならない」と規定し、「成人及び児童のための正当な職業紹介の機関以外の者が、営利を目的として、児童の養育をあっせんする行為」（8号）を掲げています。

そして、厚生労働省は、その通達により、養子縁組あっせん事業を行う者が養子の養育を希望する者から受け取る金品について、厳しい制限を行っています。つまり、受け取ることができるのは、「交通、通信等に要する実費またはそれ以下の額」に限られ、それ以外の金品はいかなる名称であっても受け取ることができません。そして、「交通、通信等に要する実費」の範囲は事案ごとに個別に判断されるものですが、たとえば、交通及び通信に要した費用、養親の研修、面接、家庭訪問、カウンセリング等に要した費用、養子縁組あっせんに着手してから縁組み成立までの活動に要した費用、実母が出産するのに要した費用、子供の引き取りまでの養育費、国際養子縁組あっせんの場合にはあっせんに必要な文書の翻訳料、ビザ申請書類作成費などが考えられます。そして、養子縁組あっせん事業を行う者が養子希望者等から寄附金（支援金、謝礼金等他の名目のものを含む）を受け取る場合は、任意のものに限ることとし、寄附金の支払いや支払いの約束を養子縁組あっせんの条件としたり、これによってその優先順位をつけたりすることのないよう指導しています。

以上のように、法令及び通達により、養子縁組あっせん事業を行う者が営利目的で事業を行うことは、具体的、明確に禁止されているにもかかわらず、一部の団体が、実質的にあっせんの対価とも受け取られる金銭を受領し問題となったわけです。

ちなみに、児童福祉法違反の場合、「3年以下の懲役若しくは100万円以下の罰金に処し、又はこれを併科する」と規定されており、2017年3月には、営利目的で特別養子縁組をあっせんしたとして、千葉県警が、児童福祉法違反で、千葉県四街道市であっせん事業をしていた民間事業者（2016年9月解散）の元代表理事ら2人を、あっせん事業者としては全国初となる逮捕をしたとの報道もなされています。元代表理事らは、養親を希望する夫婦に対して「100万円を払えば優先順位が2番目になる」等と持ちかけて計225万円を受け取ったとされていますが、千葉県警は、受け取った金額が実費よりも多く、営利に当たるとみているということです。

特別養子縁組あっせん法案成立

2016年12月9日、民間あっせん機関による養子縁組のあっせんに係る児童の保護等に関する法律（特別養子縁組あっせん法案）が成立し、原則公布の日から2年以内に施行されることになりました。この法律は、養子縁組あっせん事業が果たす役割の重要性に鑑み、同事業を行う者について「許可制度」を実施し、その業務の適正な運営を確保するための措置を講ずることにより、民間あっせん機関による養子縁組のあっせんに係る児童の保護を図るとともに、あわせて民間あっせん機関による適正な養子縁組のあっせんの促進を図り、それにより児童の福祉増進に資することを目的としています。

具体的には、民間の事業者が養子縁組のあっせんを業として行うことにつき、許可制度を導入し、(1) 養子縁組あっせん事業を行うのに必要な経理的基礎を有すること、(2) 養子縁組あっせん事業を行う者（その者が法人である場合にあっては、その経営を担当する役員）が社会的信望を有すること、(3) 申請者が社会福祉法人、医療法人その他厚生労働省令で定める者であること、(4) 養子縁組あっせん事業の経理が他の経理と分離できる等、その性格が社会福祉法人に準ずるものであること、(5) 営利を目的として養子縁組あっせん事業を行おうとするものでないこと、(6) 脱税その他不正の目的で養子縁組あっせん事業を行おうとするものでないこと、(7) 個人情報を適正に管理し、及び児童、児童の父母、養親希望者その他の関係者の秘密を守るために必要な措置が講じられていること、(8) 申請者が、養子縁組あっせん事業を適正に遂行することができる能力を有すること、といった許可基準を規定しています。また、手数料の徴収の禁止、国による民間あっせん機関に対する財政上の支援等も規定されて、無許可で養子縁組あっせん事業を行った者に対する罰則も規定されています。この法律によって、人身売買に近いような悪質な行為を行うあっせん業者が排除されることが期待されています。

特別養子縁組とは

さて、この法律にでてくる「特別養子縁組」という言葉ですが、原則として6歳未満の未成年者の福祉のため特に必要があるときに、未成年者とその実親側との法律上の親族関係を消滅させ、実親子関係に準じる安定した養親子関係を家庭裁判所が成立させる縁組制度に基づく養子を言います。

通常の養子が、実の親との法的な親子関係を維持したままであるのに対して（子供は2組の親を持つことになるわけです）、特別養子の場合には、養子と実の親（及びその血族）との親族関係を終了させてしまうことに、大きな特徴があります。そして、このような制度設計は、特別養子縁組が導入された経緯から出てきたものです。

実は、特別養子縁組制度は、1987年の民法改正により導入され、翌88

年から施行された比較的新しい制度です。何故、このような制度が新たに導入されたのでしょうか。

日本では、昔から養子が比較的普通に行われてきました。江戸時代の「家」の継承のための養子が典型です。NHK大河ドラマ『八重の桜』で有名になった会津藩第9代藩主の松平容保も、会津藩主松平容敬の養子となり家督を継いでいます。このような養子に関する歴史を背景にして、明治時代の民法においても、養子縁組制度が規定されており、養子をとる要件が緩やかで、離縁も容易、養子縁組の効果として嫡出子としての身分を取得するにとどまるといった特徴がありました。この明治民法下での養子縁組制度は、戦後の民法改正によって、未成年者を養子にする場合には家庭裁判所の許可を必要とするなど、子の福祉に配慮が示された養子縁組制度に生まれ変わりました。しかし、従来の養子制度では、戸籍上に、「養父母」といった用語が用いられ、子供が何かのきっかけで自分の戸籍を見て、実は自分が本当の子供ではないことを知ってしまうという事態が生じることがありました。昔のテレビ番組などで、子供がたまたま自分の戸籍謄本を見て衝撃を受けて…というような展開のドラマがあったのはそのためです。

言うまでもなく、子供をもらい受けて育てたいという親としては、養子であっても、実の子として育てたいという強い希望があり、誰からも養子と分からないようにして欲しいと願っているのであり、この思いが考慮され、現在の特別養子縁組制度の導入へと至ったと言われています。

菊田医師事件

特別養子縁組制度導入の契機の一つとして、1973年に起きた、いわゆる菊田医師事件が知られています。菊田医師事件とは、宮城県石巻市の産婦人科医師である菊田昇氏が、様々な事情から人工妊娠中絶を求める女性を説得して出産させる一方で、地元紙に「赤ちゃん斡旋」の広告を掲載し、生まれた赤ちゃんを子宝に恵まれない夫婦に無報酬であっせんしたものです。その際に、実子として育てたいと言う養親の強い要請に応えて、偽の出生証明書を作成して引き取り手の実子としましたが、それは、産むわけにはいかない実親の戸籍に出生の記載が残らず、また養子であるとの記載を戸籍に残さないよう配慮したためと言われています。菊田医師は、事件が報道された当初、時の法務大臣の「子供が幸福になるのだとしたら、事荒立てて取り締まるべきではない」との発言などによって、いったんは不問とされましたが、紆余曲折を経て、最終的には、愛知県産婦人科医会が告発に踏み切り、これを受けた仙台地検が、医師法違反、公正証書原本不実記載、同行使の罪で菊田医師を略式起訴しました。

結局、仙台簡易裁判所は罰金20万円を科しましたが、この事件により、実子として育てたい養親の要望に応える制度の必要性が広く社会に認識されるに至りました。こうした背景の下、1987年、育ててくれる親のない子の福祉という理念や、実子として育てたいという養親の心情を満たすという目的を図るための特別養子縁組制度が導入されることとなったのです。

普通養子との違いは？

特別養子縁組制度の導入によって、それまでの養子縁組制度は、普通養子縁組として区別されるようになりました。両者の具体的な違いは、まず、普通養子縁組の場合は、基本的に契約によって親子関係が発生するのに対し、特別養子縁組の場合は、養親となる者の請求により家庭裁判所の審判によって成立する点にあります。これは、子の福祉を優先する縁組を成立させるために、国家の後見的見地からの判断を成立要件としたことによります。また、縁組の成立に関する具体的な要件の点では、以下のような点が異なります。

(1) 夫婦共同縁組

特別養子縁組の場合は、養親は配偶者のある者で、夫婦がともに養親になることが基本的に必要となります。普通養子縁組の場合は、養親が配偶者のある者である必要は特にありません。

(2) 養親の年齢

特別養子縁組の場合は、養親は25歳以上である必要があります。ただし、養親となる夫婦の一方が25歳以上であれば、他方は25歳未満でも20歳以上であればよいとされています。これに対し、普通養子縁組の場合は、養親の年齢は20歳以上とされています。

(3) 養子の年齢

特別養子縁組の場合、養子は、家庭裁判所に対する縁組の請求の時に6歳未満である必要があります。ただし、6歳に達する前から引き続き養親となる者に監護されてきた場合は、8歳未満であれば縁組が認められます。これに対し、普通養子縁組の場合は、養子が養親の尊属または年長者であってはならない等の制限はありますが、未成年者等に限られるわけでもありません。したがって、養子が養親より1日でも年下であれば養子縁組をすることができるということになります。なお、特別養子縁組の場合に6歳という年齢が基準とされるのは、子が幼少であることが望ましいという点と、就学年齢を考慮した趣旨と解されています。

(4) 父母の同意

特別養子縁組の場合、縁組によって実方の父母との法的親子関係が断絶することになりますので、実方の父母の同意が必要となります。ただし、実の親が子を棄児にして、誰が親であるか分からない場合や、親が子を虐待しているなど子供の利益を害するような場合は、父母の同意は不要となります。これに対し、普通養子縁組の場合は、父母の同意などの要件はありません。

(5) 必要性

特別養子縁組の場合、実方の父母との親子関係の終了が子の福祉の観点から必要であることが要件とされますが、普通養子縁組の場合は、このような要件は特にありません。

(6) 試験養育期間

特別養子縁組の場合、家庭裁判所が、養親が特別養子の親となるのに必要な監護能力その他の適格性を備えているかを判断し、養親となる者と養子となる者との和合可能性を見る必要性があるために、6ヶ月間の試験養育期間が設けられています。普通養子縁組の場合は、このような期間は特に設けられていません。

特別養子縁組が持つ特別な効果

以上が縁組の「成立」に関する具体的な違いですが、特別養子縁組の場合は、次のように、成立した場合の「効果」も普通養子縁組とは異なっています。

(1) 実方の親子関係が終了する

特別養子縁組の場合、原則として、養子と実方の父母(及びその血族)との親族関係は終了することになります。これに対し、普通養子縁組の場合は、縁組が成立しても、実方の父母との親子関係、親族関係は終了しません。

(2) 戸籍の記載が異なる

次に戸籍の記載が異なります。特別養子縁組の場合は、戸籍上に、「養子」「養父母」といった用語は用いず、子の続柄も長男などと記載されます。これに対し、普通養子縁組の場合は、養父母の欄があります。戸籍の記載の違いは、既に説明したように、特別養子縁組制度が導入された趣旨に密接に関連するものであり、戸籍上、養子であることが分からないようにするということは当然とも言えます。なお、特別養子自身が、実方の父母の戸籍をたどること自体は妨げられておらず、除籍簿に綴られた単独戸籍を確認することはできるようになっています。

(3) 離縁が制限される

婚姻の場合の離婚と同様に、養子縁組の解消を離縁と言いますが、特別養子縁組の場合は、養親からの離縁はできず、養子からの離縁も養子が成長して監護の必要性がなくなった時点では認められません。特別養子縁組の場合で離縁が認められるのは、①養親による虐待など、子の利益を著しく害する事由があり、②実父母が相当の監護をすることができる場合に限定されています。これに対し、普通養子縁組の場合、原則として離縁をすることができます。

菊田医師の思い

以上のように、養子制度の中でも、特別養子縁組は、自分の子ではないとしても実子として育てたいと願う、養親の強い要請からできた制度です。冒頭に述べたように、そのような親の切実な思いを裏切るような事件が度々起きていることは、とても残念でなりません。前述した新法の成立を契機として、今後、40年以上前の菊田医師の思いがしっかりと実現されるよう、この制度が積極的に活用されていくことを期待したいと思います。

4

第4章 夫婦関係に関わる諸問題

CASE11
不倫をした夫から妻に対して離婚請求、認められる？

【相談】

私は、結婚して10年くらいは典型的なマイホームパパだったと思います。妻に不満があったわけでもなく、特に子供たちには愛情を注いできました。しかし、そういった生活になんとなく物足りなさを感じていたある日、中学校の同窓会で、当時あこがれていた女性に出会ったことから、私の運命は大きく変わってしまいました。その女性と、妻の目を盗んで頻繁に会うようになり、やがて週末も「大事な接待だから」などと言って密会を続けるようになりました。

そんな私に対して、ある日、妻が突然、真剣な表情で、女性関係を問い詰めてきて、ついに私は白状してしまいました。妻は、私を大声で責め立てましたが、私はうなだれるしかありませんでした。結局、私は翌朝家を出て、その女性と暮らし始め、それから20年、二度と家に戻ることはありませんでした。

私は、別居してから、金銭的には十分な償いをしてきたつもりです。毎月の送金額は、3人の生活費と住宅ローン、子供たちの学費を補って余りあるものでした。子供たちは母子家庭となり、かわいそうな思いをさせましたが、何とか人並みの生活を送らせることができました。やがて、家のローンも払い終わり、2人の子供が大学を卒業して社会に出たので、久しぶりに妻に連絡をし、会う約束を取り付けました。指定された喫茶店で20年ぶりに会った妻は少しやつれた印象を受けました。

私は、端的に「子供たちも無事就職したことだし、別れてくれないか」と申し出ましたが、妻はまったく相手にしてくれませんでした。私は、「ローンが終わった自宅の名義も君に変えるし慰謝料も払う」と申し出ましたが、聞く耳を持ちません。結局、私は、「どうしても応じないのなら、離婚を求めて裁判を

するしかない」と伝えるしかありませんでした。人に聞いたところによると、夫婦関係が破綻した原因が、一方の側にある場合でも、一定の条件さえ満たせば、裁判でも離婚は認められる、と聞きました。それが本当なら、そろそろ何らかの結論を出したいと考えています。このあたりの法的な問題について教えてくれますか。

有責配偶者からの離婚請求

今回の相談は、いわゆる「有責配偶者からの離婚請求」というテーマになります。有責配偶者とは、まさに文字通り、「責任が有る」配偶者という意味で、自ら夫婦関係が破綻する原因を作った配偶者ということです。民法は、第763条において「夫婦は、その協議で、離婚をすることができる。」と定めており、夫と妻が、私的にもしくは裁判所での調停の場において離婚の条件を協議して、お互いに合意すれば、離婚することが可能です。この場合、裁判などする必要もなく、単に役所に離婚届を提出すればおしまいとなります。それに対して、夫婦の一方が離婚することを拒否し話し合いにも応じないような場合に、強制的に離婚をするためには、離婚裁判をするしかありません。

ただ、理由もなく、裁判所で離婚が認められるわけではなく、一定の事由が存在しなければなりません。民法770条は、「夫婦の一方は、次に掲げる場合に限り、離婚の訴えを提起することができる。」とし、(1) 配偶者に不貞な行為があったとき、(2) 配偶者から悪意で遺棄されたとき、(3) 配偶者の生死が3年以上明らかでないとき、(4) 配偶者が強度の精神病にかかり、回復の見込みがないとき、(5) その他婚姻を継続し難い重大な事由があるときという、5つの離婚事由を挙げています。たとえば、本件相談のように、夫婦の一方が不倫をした場合、(1) の不貞行為に該当しますから、仮に奥さんの側から離婚裁判を提起すれば、夫が離婚を拒否したとしても、裁判所の判決によって離婚をすることができるわけです。

では、相談事案のように、不貞をした夫の側から妻に対して離婚請求をしてきた場合でも、同様に、離婚原因が存在するとして離婚が認められてしまうのでしょうか？　これが有責配偶者からの離婚請求といわれている問題です。

結論から言えば、長年の間、有責配偶者からの離婚請求は認められないとされていましたが、1987年の最高裁判所判決を契機に、一定の条件さえ満たせば、離婚請求ができるとされるようになっています。

有名な「踏んだり蹴ったり判決」

有責配偶者からの離婚請求は、長年の間、裁判で認められないとされていました。この点についての有名な判決が、1952年2月19日の最高裁判所判決であり、いわゆる「踏んだり蹴ったり判決」と呼ばれているものです。やや文体が古くさいですが、著名な判決なので以下に引用したいと思います（読みやすいように、漢字などを現在の形に一部修正しています）。

「本件は、新民法770条1項5号にいう婚姻関係を継続し難い重大な事由ある場合に該当するというけれども、原審の認定した事実によれば、婚姻関係を継続し難いのは上告人（筆者注：有責配偶者たる夫）が妻たる被上告人を差しおいて他に情婦を有するからである。上告人さえ情婦との関係を解消し、よき夫として被上告人のもとに帰り来るならば、何時でも夫婦関係は円満に継続し得べきはずである、即ち上告人の意思いかんにかかることであって、かくの如きは未だもって前記法条にいう「婚姻を継続し難い重大な事由」に該当するものということは出来ない。…上告人は上告人の感情は既に上告人の意思をもってしても、いかんともすることが出来ないものであるというかも知れないけれども、それも所詮は上告人の我儘である。結局上告人が勝手に情婦を持ち、そのため、もはや被上告人とは同棲出来ないから、これを追い出すということに帰着するのであって、もしかかる請求が是認されるならば、被上告人はまったく俗に言う、踏んだり蹴ったりである。法はかくの如き不徳義勝手気儘を許すものではない。」

最高裁判所による方針転換

このように、長年、有責配偶者からの離婚は認められず、相手方と話し合いの機会を設けて、なんとか合意にまで至らない限り、その意思に反し無理矢理離婚することはできないとされてきました。しかし、1987年に転機が訪れます。最高裁判所は、同年9月2日、従来の判断を変更して、有責配偶者からの離婚請求を認める画期的な判決を言い渡しました。この判決は次のように述べています。

「思うに、婚姻の本質は、両性が永続的な精神的及び肉体的結合を目的として真摯な意思をもって共同生活を営むことにあるから、夫婦の一方又は双方が既に右の意思を確定的に喪失するとともに、夫婦としての共同生活の実体を欠くようになり、その回復の見込みがまったくない状態に至った場合には、当該婚姻は、もはや社会生活上の実質的基礎を失っているものというべきであり、かかる状態においてなお戸籍上だけの婚姻を存続させることは、かえって不自然であるということができよう。しかしながら、離婚は社会的・法的秩序としての婚姻を廃絶するものであるから、離婚請求は、正義・公平の観念、社会的倫理観に反するものであってはならないことは当然であって、この意味で離婚請求は、身分法をも包含する民法全体の指導理念たる信義誠実の原則に照らしても容認されうるものであることを要するものといわなければならない。…そうであってみれば、有責配偶者からされた離婚請求であっても、夫婦の別居が両当事者の年齢及び同居期間との対比において相当の長期間に及び、その間に未成熟の子が存在しない場合には、相手方配偶者が離婚により精神的・社会的・経済的に極めて苛酷な状態におかれる等、離婚請求を認容することが著しく社会正義に反するといえるような特段の事情の認められない限り、当該請求は、有責配偶者からの請求であるとの一事をもって許されないとすることはできないものと解するのが相当である。」

有責配偶者からの離婚請求が認められる条件

上記最高裁判所判決によれば、次の要件が満たされれば、有責配偶者からの離婚請求が認められることになります。

(1) 夫婦の別居が当事者の年齢及び同居期間と対比して相当の長期間に及んでいること（長期間の別居）

(2) その夫婦の間に未成熟子がいないこと（経済的に自立していない子供の不存在）

(3) 相手方配偶者が離婚によって精神的・社会的・経済的に極めて苛酷な状態におかれるなど、離婚請求を認容することが著しく社会正義に反するといえるような特段の事情のないこと（相手方が苛酷な状況におかれるか否か）

各条件の解説

(1) の長期間の別居ですが、何年別居すればよいかという、特段の明確な基準はありません。上記最高裁判所判決の事案では、36年間という極めて長期間にわたって別居していましたが、この最高裁の判断の後に出た判決の中には、別居期間が、15年間（最高裁判所・1989年9月7日判決)、13年間（最高裁判所・1994年2月8日判決)、9年8ヶ月間（最高裁判所・1993年11月2日判決)、8年間（最高裁判所・1990年11月8日判決)、6年間（東京高等裁判所・2002年6月26日判決）などで、離婚が認められたケースもあります。他面、別居が17年間（神戸地方裁判所・2003年5月8日判決）や15年間（東京高等裁判所・2008年5月14日判決）という長期間に及ぶ場合であっても離婚が否定されたケースもあり、裁判所は、別居期間の長さを一つの基準とはしていますが、それ以外の⑵⑶といった要素も勘案して総合的に判断しています。

⑵の未成熟の子供の不存在ですが、これも絶対的な要件ではありません。未成熟（＝経済的に自立していない）の子がいる有責配偶者の離婚請求を認めた事例として、最高裁判所・1994年2月8日判決などが挙げられます。同判決は、「有責配偶者からされた離婚請求で、その間に未成熟の子がいる場合でも、ただその一事をもって右請求を排斥すべきものではなく、前記の事情を総合的に考慮して右請求が信義誠実の原則に反するとはいえないときには、右請求を認容することができると解するのが相当である。」とし、高校2年生の未成熟の子がいる事案において、有責配偶者の夫が妻に毎月15万円の送金をしてきた実績等に照らして、離婚請求を認めています。これに対し、東京高等裁判所・2007年2月27日判決は、別居9年以上の夫婦間における23歳の長男に四肢麻痺の重い障害があるため、日常生活全般にわたり介護を必要とする状況にある事案においては、「実質的には未成熟の子と同視することができる」として、その他の事情も勘案した上で離婚請求を棄却しています。

⑶に関しても、そもそもどのような場合が、「離婚によって精神的・社会的・経済的に極めて苛酷な状態におかれる」と言えるのかについての基準はありません。ただ、未成熟の子供の要件のところで紹介した最高裁判所判決などをみても、相手方や子供たちが生活に困らないように相当の金額を生活費として渡してきたか否かや、相応の財産分与があるか、相手方の現実の生活状況はどのようなものか、などが大きな要素になると思われます。

神戸地方裁判所・2003年5月8日判決では、婚姻破綻の原因がもっぱら夫の女性問題にあり、別居後、夫が何ら妻及びその子らの生活を顧みることがなかった事案（別居期間中に、生活費や養育費等の送金をまったくしていない）において、別居期間が17年を超え、子供も成人し結婚あるいは就職していても、「原告の離婚請求をそのままこれを認容するのは、正義、公平の観点からも、また、信義則に照らしても相当とは認めがたく、有責配偶者の離婚請求としてこれを棄却するのが相当である。」と判断しています。また、東京高等裁判所・2008年5月14日判決は、別居期間が15年以上経過し、当事者間の3人の子はいずれも成年に達しており、夫婦間の婚姻関係は既に破綻しているとの事案において、妻が夫から婚姻費用分担金（月額14万円）の給付を受けることができなくなると経済的な窮境に陥り、罹患する疾病（抑うつ症等）に対する十分な治療を受けることすら危ぶまれる状況になることが容易に予想され、また離婚請求が認容されれば、妻が独力で、身体的障害を持つ長男の援助を行わなければならず、妻を更に経済的・精神的窮状へ追いやることになるとの諸事情を勘案して、離婚請求を棄却しています。

相談の事案では離婚が認められる可能性が高い

本件事案においては、相談者自らがよそに女性をつくって家を出てから既に20年が経過しており、判例の掲げる「夫婦の別居が当事者の年齢及び同居期間と対比して相当の長期間に及んでいること」の要件は、近時の判例の傾向からして、基本的には満たしていると思われます。また2人のお子さんも既に大学を卒業して社会に出たとのことであり、相談内容を拝見する限り、既に紹介した判決のケースのような、子供に身体障害等があって今後も継続的に面倒を見なければならないといった特別の事情もなさそうです。

そうなると、本件における裁判所の判断は、相談者からの離婚請求を認めた場合に、相談者の妻が、「精神的・社会的・経済的に極めて苛酷な状態におかれるなど、離婚請求を認容することが著しく社会正義に反するといえるような特段の事情」が存在するかという点にかかってくると思われます。

相談内容によれば、相談者は、別居以降、金銭的には十分な償いをしてきており、その送金額は家族3人の生活費と住宅ローン、子供たちの学費を補って余りあるものだったということでもあり、さらに、相談者は、離婚に際して、「ローンが終わった自宅の名義も君に変えるし、一定の慰謝料も払う」という具体的な提案もしています。

以上を勘案すると、確かに、夫婦関係を破綻させた原因が相談者にあることは言うまでもなく、世間的に見れば、有責配偶者からの離婚請求は身勝手なものと受け取られ非難の対象となるかもしれませんが、離婚裁判を提起した場合、認められる可能性が高いのではないかと思われます。ただ、相談者のせいで苦労をかけてきた奥さんに対し、さらに裁判への対応といった苦労をかけるのはなるべく回避すべきと思いますので、なんとか面談の機会を持って、離婚の条件について真摯に話し合い、できる限り円満に離婚をするよう進めることをお薦めしたいと思います。相手が感情的になって、話がなかなか進まないようでしたら、弁護士に交渉を依頼すれば、おそらく奥さんの方も弁護士をつけることになるでしょうから、それによって、専門家同士の感情論を離れた客観的な交渉ができることも多いと思いますので、検討されてはいかがでしょうか。

CASE12
妻と離婚しても子供と会える？

【相談】

「だらしない君と正反対の彼女だから、うまくいくと思った」。私と妻を引き合わせた親友のあいさつは、結婚式で出席者の爆笑を誘うものでした。それから３年、妻とは喧嘩が絶えない毎日です。取るに足らないささいなことで、ののしり合いが始まるのです。そのたびに２歳の息子が２人の剣幕におびえて泣き叫びます。

「ジグソーパズルのように、一方の欠けている部分に別の出っ張っている部分がうまく合わさっていくと思ったんだ。ところが混ざることのない水と油とはね…」

「離婚を考えている」という私に、結婚式であいさつしたあの友人がため息をつきました。私は、結婚するまで服装に関しては無頓着で、部屋も散らかし放題という感じで独身生活を楽しんできました。ところが、妻は非常に細かく隅から隅まできちんとしていないと落ち着かないタイプ。一緒に暮らして、やっと彼女の本質が分かったのです。

家賃の支払い、掃除の分担、食事の後片づけ、ゴミ出し、といった雑事でことごとくぶつかりました。妻のその性格は、長男が誕生してからますます激しくなっていきました。育児に関し、私は放任主義でしたが、妻は英才教育を主張しました。そして、私に向かって「幼稚園からいいところに行かせないと、あなたみたいになるから」などと言い放つのです。二人の間には口論が絶えなくなり、関係は冷え切ってしまいました。

最近では、妻との会話の中で、離婚の話も出るようになり、私も本格的に離婚のことを検討しなければならないと思っています。ただ、私としては、妻と別れたい気持ちは強いのですが、そうなると「子供ともずっと会えなくなる」

と思い、離婚に踏み切れません。かわいい盛りの長男と会えなくなるかと思うと、とても耐えられません。知人に相談したところ、子供の親権はよほどのことがない限り妻の方に与えられると言います。そうなると、離婚後に私が子供を引き取って面倒を見ることはできません。また、朝から晩まで仕事に追われる私が、子供を面倒見ることは事実上不可能です。かといって、毎日のように両親が喧嘩している姿を子供に見せるのも不憫です。できれば、妻とは離婚をしたうえで、ある程度は頻繁に子供と会う機会を作れればいいと思っています。アメリカの映画などでは、離婚後も、子供が父親の元を訪れて短期間一緒に生活する場面なども出てきますが、日本でも、そのようなことは可能なのでしょうか。

別居の父が子供の学校で焼身自殺

2013年12月23日、東京都文京区の小学校に、会社員の男性（当時49歳）が侵入し、同小3年の次男（当時9歳）に灯油のような液体をかけ、自らも液体をかぶって火を付けるという事件が発生しました。2人は病院に搬送されたものの、男性は死亡し次男は意識不明の重体となりました。その男性は妻と離婚調停中で、次男とも別居中だったそうです。警察によると、男性の妻から、別居中の夫に子供を連れて行かれそうになり、制止したら蹴られた旨の相談があり、警察が通学時間帯のパトロールを強化していましたが、その後トラブルはなかったことから、妻の了解を得て、警戒態勢を解いていたということです。子供に会えないことを思い詰めての行動なのかもしれませんが、何の罪もない子供まで巻き込んだ結果については何ともやりきれない思いが残ります。

報道によれば、この次男は、野球が好きで学校でも人気者だったそうですが、両親の不仲に悩んでいたとのことです。楽しいはずのクリスマスイブ前日に起きたこの痛ましい事件は、離婚という大人の事情に巻き込まれた子供の立場というものを改めて考えさせられるものでした。

なお、この次男は、事件から1週間後の12月30日に全身やけどによる敗血症で亡くなりました。

面会交流に関連した民法改正

民法766条1項は「父母が協議上の離婚をするときは、子の監護をすべき者、父又は母と子との面会及びその他の交流、子の監護に要する費用の分担その他の子の監護について必要な事項は、その協議で定める。この場合においては、子の利益を最も優先して考慮しなければならない。」とし、同2項は「前項の協議が調わないとき、又は協議をすることができないときは、家庭裁判所が、同項の事項を定める。」と規定しています。この条文は2012年4月1日から改正施行されたものであり、以前の条文は「父母が協議上の離婚をするときは、子の監護をすべき者その他監護について必要な事項は、その協議で定める。」とだけ規定されていました。

改正により、「子の監護について必要な事項」の具体例として、「父又は母と子との面会及びその他の交流」(面会交流)及び「子の監護に要する費用の分担」(養育費の分担)が条文上に明記され、またその判断にあたっては、「子の利益」を最も優先して考慮しなければならない旨が規定されたわけです。この改正は、子の利益の観点から、離婚後に離れて暮らす親と子との間で適切な面会交流が行われることや相当額の養育費が継続して支払われることが重要であり、そのためには、離婚をするときにこれらについて予め取り決めをしておく必要があるとの考えから実施されたものです。

子供に対する親権とは

相談者は、知人に相談したところ、子供の親権はよほどのことがない限り妻の方に与えられると言われたそうですが、この「親権」とは、文字通りに捉えれば、親としての権利ということになり、具体的には、次のような内容と解されています。

民法818条1項は、「成年に達しない子は、父母の親権に服する。」として、未成年の子の親権はその子供の父母にあることを規定しています。そして、同条3項は、「親権は、父母の婚姻中は、父母が共同して行う。ただし、父母の一方が親権を行うことができないときは、他の一方が行う。」とし、夫婦の共同親権が原則であることを規定しています。ただ、親権が具体的にどのようなものかについて明確に定義された法令はなく、解釈上様々な内容が含まれ、成年に達しない子を監護、教育し（身上監護権）、その財産を管理する（財産管理権）ため、その父母に与えられた身分上および財産上の権利・義務の総称をいうとされています。

まず、「身上監護権」については、民法820条が「親権を行う者は、子の利益のために、子の監護及び教育をする権利を有し、義務を負う」と規定しており、子供が独立の社会人としての社会性を身につけるために、子供を肉体的に監督・保護し（監護）、また精神的発達を図るための配慮（教育）をすることを意味すると解されています。この権利には、監護教育の任を果たすため子供が住む場所を決定するという居所指定権（821条）や、懲戒権（822条）、職業許可権（823条）、第三者が親権の行使を妨げるときにこれを排除する妨害排除権、身分上の行為の代理権等が含まれています。子供を引き取って面倒を見るということは、親権の一部である身上監護権に含まれることになります。

また、「財産管理権」については、子供が財産を有するときにその財産管理を行い、また、子供の財産上の法律行為につき子供を代理したり同意を与えたりすることを意味すると解されています。

離婚の場合の親権の取扱

前述のように、父母が婚姻関係にある場合は、共同して親権を行使することになりますが、父母が離婚をする場合は、父母のいずれかを未成年者の親権者と定めなければなりません。民法819条1項は「父母が協議上の離婚をするときは、その協議で、その一方を親権者と定めなければならない。」とし、同条2項も「裁判上の離婚の場合には、裁判所は、父母の一方を親権者と定める。」としています。つまり、未成年の子がいる場合、離婚後の親権者を夫婦のどちらにするか決めなければ離婚はできません。

離婚届には親権者を記載する欄があり、離婚の手続き上、親権者の記載がない場合には、役所は離婚届を受け付けてくれません。つまり、先に父母の離婚だけ受け付けてもらい、子の親権者指定は後で決めることはできないわけです。また、子供を離婚後も父母の共同親権とすることはできません。必ず父母の一方が親権者となります。なお、子が数人いる場合には、それぞれの子について親権を決めなければなりませんが、その場合は、それぞれの子の親権を、父と母に分けることも可能です。

このように、離婚の際には、父母のいずれが親権者になるかを決める必要があり、さらに協議によって離婚する際には、前述したように、子の監護をすべき者、父又は母と子との面会及びその他の交流、子の監護に要する費用の分担その他の子の監護について、必要な事項を協議で定める必要があるわけです（民法766条）。なお、協議上の離婚に限られず、裁判上の離婚を行う場合も、この規定が準用されています。

裁判所が公表している司法統計などにより、「離婚」の調停が成立した場合など、裁判手続きの下で未成年の子の親権者がどのように決定されたかについて調べてみると、おおよそ90％以上の割合で、母親が親権者になっているということが分かります。このような統計結果などからすれば、相談者の知人が述べるように、現在、子供の親権者となるのは、ほぼ母親であると言ってもよいかと思われます。

母親が親権をとって子供と生活した場合の夫の立場は？

母親が親権者となって子供と生活する場合、父親の立場としては、子供との縁が切れるわけではなく、子供を扶養する義務を有しています。具体的には、毎月の養育費を支払うことになるわけですが、養育費を支払うか否か、養育費の金額を幾らにするかなどは、離婚時点前後の収入などにより取り決めることになります。この支払いは、一般的に、子供が成年（20歳）に達するまで続くことになりますが、多数の子供が大学に進学する実態に鑑みて大学卒業までとする場合も少なくありません。裁判例では、医師（夫）と薬剤師（妻）の夫婦間の子について、当初は高校卒業までとしていたものを、大学卒業までと変更したものもあり（大阪高等裁判所・1990年8月7日判決）、両親が大学を卒業しており、養育費を支払う父親が経済的に余裕があるといったような場合には、養育費が満22歳まで認められる可能性も十分あると思います。

もちろん、父親は、養育費を支払うだけの立場ではありません。父親は、離婚の時点で定めた内容に基づき、子供と面会交流することができます。この面会交流とは、離婚後又は別居中に子供を養育・監護していない方の親が、子供と面会などを行うというものです。

子供との面会交流は、子供の健全な成長を助けるようなものである必要がありますので、子供の年齢、性別、性格、就学の有無、生活のリズム、生活環境等を考えて、子供に精神的な負担をかけることのないように十分配慮し、子供の意向を尊重した取り決めができるように、話し合いによって決められることになります。話し合いによって決めることができない場合は、家庭裁判所での調停手続きによることになります。

面会交流の実態

この面会交流ですが、夫婦間での離婚時又は別居時の取り決めが必ずしもなされていないことが多く、また取り決めがあっても、そのとおりに実施されていない場合が少なくありません。面会交流をしたくてもできない場合、家庭裁判所に面会交流の実現を求めて調停手続きを起こすことが可能であり、全国の家庭裁判所での子の監護事件のうち、申し立ての趣旨が面会交流である調停・審判事件の件数は、近時増加しています。また前述のように、親権者を母親とする割合が高いことから、面会交流調停・審判事件では、父親が申立人である申立件数の割合が圧倒的に高くなっています。

面会交流の申立件数が増加している背景としては、面会交流が満足に実施されていないケースが増加していることもあるでしょうが、離婚後も子供に会いたいと願う父親が増加したという社会変化もあると言われています。イクメンという言葉が一般に使われ、育児を積極的に率先して行う男性や、育児を楽しんで行う男性が増えているという社会変化が影響しているわけです。以前は、父母が離婚する場合、母親が子供を育て父親は子供と縁を切るケースが多かったとも言われていますが、現在は、離婚後も子供に会いたいと願う父親が増え、民法上に定められた面会交流権の行使こそが、離婚後に子供と接する唯一の機会となってきているわけです。そして、面会交流に関する調停について、具体的に成立した面会交流の条件としては、司法統計によると、2016年度は、1万4127件の総数のうち、6181件が月1回以上面会交流をする、1092件がつき2回以上、820件が2、3ヶ月に1回以上、70件が長期休暇中に面会交流を行う、1107件が宿泊を伴う面会交流を認めるとなっています。

母親が子供に会わせてくれないときは？

前述のとおり、家庭裁判所に調停又は審判の申し立てをして、面会交

図12-2 司法統計による、2016年度の面会交流の回数

流に関する取り決めを求めることができます。調停手続を利用する場合、子の監護に関する処分（面会交流）調停事件として申し立てをします。手続きの中では、話し合いにより、面会交流に関する取り決めを行うよう進めますが、話し合いがまとまらずに調停が不成立になった場合には自動的に審判手続が開始され、裁判官が、一切の事情を考慮して、審判をすることになります。こうした手続きにより、面会交流に関する取り決めが成立しているにもかかわらず、監護する親（通常は親権者です）がその取り決めを守らない場合は、間接強制の申し立てをすることが考えられます。

間接強制とは、義務を履行しない者に対し、「義務を履行せよ。履行しなければ、不履行1回ごとに金○○円を支払え」と警告（決定）することで、義務者に心理的圧迫を加えて、自発的な義務履行を促すものです。この点、面会交流は関係者の協力の下に実行されてこそ子の福祉に合致するなどとして、間接強制は許されないとする意見もありますが、実務的には認められています。たとえば、岡山家庭裁判所津山支部決定（2008年9月18日）は、「面接交渉が不履行の場合における間接強制金の支払額は、債務者の拒否的な姿勢のみを重視するのではなく、債務者の現在置かれている経済的状況や1回あたりの面接交渉が不履行の場合に

債権者に生じると予測される交通費等の経済的損失などを中心に算定するのが相当であり、本件における諸事情を総合考慮すれば、不履行1回につき5万円の限度で定めるのが相当である。」とし、また東京高等裁判所決定（2012年1月12日）は、不履行1回について8万円を債権者である相手方に支払うべき旨を命じるのが相当である旨を判示しています。

なお、東京家庭裁判所・2016年10月4日決定では、家庭裁判所で月1回の面会交流が認められていたにもかかわらず面会交流を拒否し続けていた父親に対して、母親からの間接強制が申し立てられた事件で、任意での実施は期待できないこと、父親の収入が高額であることなどから、約束を守らない場合の強制金の額を1回100万円として注目を集めましたが、第2審である東京高等裁判所・2017年2月8日決定は、少額の支払いを命じるだけでは面会交流は困難としながらも、100万円はあまりに過大で相当ではないとして、30万円に減額しています。

注目すべき最高裁判所の判断

従来、この点に関する最高裁判所の判断はありませんでしたが、2013年3月、最高裁判所が、面会交流に係る審判に基づき間接強制決定をすることができる具体的な事例を明示して注目を集めましたので、ご紹介したいと思います。

判断対象となった事案の概要は以下の通りです。

X（父）とY（母）は離婚し、長女の親権者はYと定められましたが、その後、Xが家庭裁判所において、Yに対し、Xが長女と面会交流をすることを許さなければならないとする審判を求め確定しました。その審判には、①面会交流の日程等について、月1回、毎月第2土曜日の午前10時から午後4時までとし、場所は、長女の福祉を考慮してX自宅以外のXが定めた場所とすること、②面会交流の方法として、長女の受渡場所はY自宅以外の場所とし、当事者間で協議して定めるが、協議が調わないときは、所定の駅の改札口付近とすること、Yは、面会交流開始時に受渡場所において長女をXに引き渡し、Xは、面会交流終了時に、受渡場所において長女をYに引き渡すこと、Yは、長女を引き渡す場面のほかは、Xと長女の面会交流には立ち会わないことなどが定められていました。

最高裁判所（2013年3月28日決定）は「監護親（筆者注：母親Y）に対し非監護親（筆者注：父親X）が子と面会交流をすることを許さなければならないと命ずる審判において、面会交流の日時又は頻度、各回の面会交流時間の長さ、子の引渡しの方法等が具体的に定められているなど監護親がすべき給付の特定に欠けるところがないといえる場合は、上記審判に基づき監護親に対し、間接強制決定をすることができると解するのが相当である。」として、原審が下した、不履行1回につき5万円の割合による金員を相手方に支払うよう命ずる間接強制決定を正当なものと判断しました。

これにより、たとえば「1ヶ月に1回以上、面会交流ができる。具体的な日時、場所等については、その都度協議して決定する。」といった抽象的な内容では、間接強制の決定まではできませんが、前記のように具体的な内容でありさえすれば、間接強制という方法で面会交流を強制的に実現することも可能であると最高裁判所が認めたことになります。つまり、審判に臨むに当たっては、将来における面会交流の実効性担保という観点から、最高裁判所の上記判断に沿った内容になるように気をつけた方が良いということです。

面会交流拒否に対して慰謝料が認められた事案も

さらに、離婚した父親の子に対する面会交流を拒否した親権者である母親の不法行為責任が認められた判決もあります。

静岡地方裁判所浜松支部判決（1999年12月21日）は、「被告が原告に対して一郎との面接交渉を拒否したことは、親権が停止されているとはいえ、原告の親としての愛情に基く自然の権利を、子たる一郎の福祉に反する特段の事情もないのに、ことさらに妨害したということができるのであって、前項で検討した諸事情を考慮すれば、その妨害に至る経緯、期間、被告の態度などからして、原告の精神的苦痛を慰謝するには金500万円が相当である。」と判示しています。したがって、このような法的措置をとることを通じて、子供との面会を実現していくことも可能ということになります。

子供の利益が優先

日本において、離婚後に父親が子供と会って交流を深めるという制度が必ずしもうまく機能していない現実があるのは事実です。また、先ほど引用した統計上の数字から見て、子供に会えるとしても、一定の条件のもとに、月1回程度となるのが一般的と思われ、相談者が期待するように頻繁に面会できるかは疑問です。ただ、この点は、離婚時における取り決めの仕方次第で、適宜調整することができますし、万が一、奥さんが、取り決めた条件通りに子供と会わせまいとしても、前述したように、法的にそのような妨害を排除する手段も存在しています。

いずれにしても、改正された民法の規定にも明記されているように、本件のような事案では、「子の利益」が最も優先されるべきであり、単に子供が可愛いから会いたいという感情のみで判断すべきものではないはずです。離婚という大人の事情に巻き込まれた子供の感情によく配慮し、冒頭でご紹介した事件で見られた、独りよがりな対応が引き起こした悲劇も参考にしつつ、両親が十分に協議して、何が子供にとって望ましいかという観点から慎重に判断してもらいたいと思います。

フレンドリーペアレントルール

なお、最後に、子供の面会交流について、「フレンドリーペアレントルール（寛容性の原則）」を適用した判決として話題になった、千葉地方裁判所松戸支部判決（2016年3月29日）をご紹介したいと思います。

フレンドリーペアレントルールとは、もう一方の親と子供との関係をより友好に保てる親を親権者とする考え方であり、先進国では、子供の利益を実現するために取り入れられている原則です。同判決は、母親が提訴した離婚訴訟において、別居している父親に親権を認め、子の引渡しを命じる判決を出し話題となりました。

この事件では、離婚後の面会交流において、父親から無断で連れ去った長女を監護している母親が、月1回の家庭問題情報センターでの監視付面会を父親にさせるとしたのに対し、父親は自分が親権者になれば、長女が両親の愛情を受けて育ち、子供の最善の利益を優先するため、年間100日程度の面会交流を母親に保障すると主張しました。また、父親は、年間100日程度の面会交流保障の約束を守らない場合は、親権者を母親に変更するとも申し立てました。これに対して、母親は、面会交流を月1回程度にすることを主張するとともに、長女を現在の慣れ親しんだ環境から引き離すのは、長女の福祉に反するなどと主張しました。

結論として、裁判所は、母親の懸念は杞憂にすぎず、長女が両親の愛情を受けて健全に成長することを可能とするためには、父親を親権者と指定するのが相当と判断したのです。

判決は次のように判示しています。

「上記認定の事実によれば、原告（筆者注：母親）は被告（筆者注：父親）の了解を得ることなく、長女を連れ出し、以来、今日までの約5年10ヶ月間、長女を監護し、その間、長女と被告との面会交流には合計で6回程度しか応じておらず、今後も一定の条件のもとでの面会交流を月1回程度の頻度とすることを希望していること、他方、被告は、長女が連れ出された直後から、長女を取り戻すべく、数々の法的手段に訴えてきたが、いずれも奏功せず、その後今日まで長女との生活を切望しながら果たせずに来ており、それが実現した場合には、整った環境で、周到に監護する計画と意欲を持っており、長女と原告との交流については、緊密な親子関係の継続を重視して、年間100日に及ぶ面会交流の計画を提示していること、以上が認められるのであって、これらの事実を総合すれば、長女が両親の愛情を受けて健全に成長することを可能とするためには、被告を親権者と指定するのが相当である。原告は、長女を現在の慣れ親しんだ環境から引き離すのは、長女の福祉に反する旨主張するが、今後長女が身を置く新しい環境は、長女の健全な成長を願う実の父親が用意する整った環境であり、長女が現在に比べて劣悪な環境に置かれるわけではない。加えて、年間100日に及ぶ面会交流が予定されていることも考慮すれば、原告の懸念は杞憂にすぎないというべきである。よって、原告は被告に対し、本判決確定後、直ちに長女を引渡すべきである。」

冒頭で指摘したように、従前、子供の親権者となるのは、ほぼ母親であると言ってよく、本件のように、母親が子供と一緒に暮らしているならなおさらです。司法における、この「常識」に反して、離婚する相手と子供の面会を積極的に認めれば父親であっても親権をとれるとした、この判決は大きな反響をまきおこしました。

しかし、同事件の第2審である東京高等裁判所は、2017年1月26日、第1審判決を変更し、同居する母親に親権を認める判決を出しました。

判決は、「どの程度でどのような態様により相手方に子との面会交流を認める意向を有しているかは、親権者を定めるに当たり総合的に考慮すべき事情の一つであるが、父母の離婚後の非監護親との面会交流だけで子の健全な成育や子の利益が確保されるわけではないから、父母の面会交流についての意向だけで親権者を定めることは相当でなく、また、父母の面会交流についての意向が他の事情より重要性が高いとも言えない。」とした上で、年100日程度の面会交流提案については、父母の家が片道2時間以上の距離にあることから、「身体への負担や学校行事参加、友だちとの交流に支障が生じるおそれがある。月1回程度とする控訴人（筆者注：母親）の主張が、長女の利益を害するとも認められない。」としました。そして、「長女は、母親の下で安定した生活をしており、健康で順調に成育し、控訴人との母子関係に特段の問題はなく、通学している小学校での学校生活にも適応している」「長女の利益の観点からみて長女に転居及び転校をさせて現在の監護養育環境を変更しなければならないような必要性があるとの事情は見当たらない」などとして、母親を親権者と認めたのです。

千葉地方裁判所松戸支部が、「フレンドリーペアレントルール（寛容性の原則）」を適用したといわれているのに対し、東京高等裁判所は、「継続性の原則」を重視したと評価されています。この大きな考え方の違いが、今後どのように収束していくのか注目していきたいと思います。

CASE13
妻と離婚したら自分の退職金と年金はどうなる？

【相談】

元旦に届く年賀状を見るのがとても苦痛です。年賀状には友人、会社の部下、親戚たちの子供の毎年の成長ぶり、つまり「生まれた」「幼稚園に入った」「子供と海外旅行にいった」という、いわゆる家族の幸せぶりを伝える写真がこれでもかというほど写っています。「子供がいる私たちの幸せをあなたにも分けてあげたい」的な気持ちが見え見えで、私の苦痛をますます増幅させるのです。そして、その苦痛の原因が妻にあることが分かっているだけに、1年の始まりはどんよりした憂鬱な気分になるのです。

私たち夫婦には子供がいません。身体的事情で子供を作れないというわけではなく、妻が望んでいないからです。それが原因で、今、妻と離婚すべきかどうかで悩んでいます。妻とは学生時代に知り合って、3年の交際の後、私が就職すると同時に結婚しました。それから30年近くたちました。結婚当初は、周りからは理想的なカップルなどと言われましたが、実は2人の仲はもう10年以上もうまくいっていません。その原因は、子供を作るかどうかということにありました。妻は派手な生活を好み、「子供ができて自分の生活が犠牲になるくらいなら、子供はいらない」と言い続けています。一方、私は子供が欲しくてたまらず、周りの友人らの子供を見ると自分の生活が味気なく思えて仕方がありません。やがて、子供を作るかどうかで、2人の間には口論が絶えなくなり、2人の関係は冷え切っていきました。最近では離婚の話も出て来るようになりました。

「おれは決めた。離婚するしかない」

元旦に子供がたくさん写っている年賀状を見て、私は心の中でつぶやきまし

た。ただ、私ももうすぐ50歳です。そろそろ定年退職のことや、それに伴う老後のことを考え始めています。離婚により、自分の老後の生活が成り立たなくなることが心配です。自分の年齢からいって、仮に再婚して子供ができた場合、子供の学費や私の老後を支えてくれるのは、言うまでもなく、退職金と年金になります。私は、それなりの規模の企業に勤務していますので、退職金もある程度出ますし、年金も充実していますが、それが離婚によってどれほど目減りするのか分からず不安です。離婚によって、この2つはどのような影響を受けるのかを教えていただけますか。

年金分割制度によって熟年離婚が増加？

2007年5月23日付読売新聞に「『熟年離婚』揺れてます　年金分割相談1万件超」との記事が載っていました。離婚後に厚生年金を夫婦で分ける「年金分割」の制度が始まったことに伴い、社会保険庁（現在の日本年金機構）に対する、年金分割の相談件数が急増したことを報じています。

この記事が取りあげている「年金分割」とは、2007年4月1日以後に離婚をして一定の条件に該当したとき、当事者の一方からの請求により、婚姻期間中の厚生年金記録を当事者間で分割することができる制度を言います。つまり、妻が夫の厚生年金を最大半分まで受け取れることになり、従来、妻がずっと専業主婦だった場合、離婚後、厚生年金が受け取れなかった制度を抜本的に変更したわけです。ただ当時は、「離婚したら年金が半分もらえる」と単純に思っていた人も多かったようですが、実はそれは誤解であって、いざ年金分割でもらえるようになる金額を算定してみたら、老後の生活を確保できるほどの金額にならないので、制度の利用をあきらめた人も多いとも言われています。

今回の相談は、老後を支えてくれるはずの年金や退職金に対し、離婚がどのような影響を及ぼすのか（夫婦のそれぞれがどの程度取得できるのか）という内容であって、関心を持たれる方も多いのではないかと思います。以下、年金の問題、続いて退職金の問題について説明していきたいと思います。

年金制度の不都合

日本の年金制度は、国民すべての基礎年金である国民年金（1階部分）、厚生年金保険及び共済年金（2階部分、いわゆる「被用者年金」）、厚生年金基金（3階部分）の3階建ての構造になっているとよく言われます。国民年金の老齢基礎年金（1階部分）は、生活の基本的な部分に対応する年金で、夫および妻の各人に対して支給されますが、厚生年金保険・共済年金の老齢厚生年金等（2階部分）は、被保険者本人のみに対して支給されることとなります。つまり、夫婦のうち、夫だけが働き、夫のみが厚生年金保険等（2階部分）の被保険者となっている場合（夫がサラリーマンや公務員の場合）には、夫は老齢基礎年金（1階部分）と老齢厚生年金等（2階部分）の両方を受給できる一方、妻は、老齢厚生年金（2階部分）は受給できず、老齢基礎年金（1階部分）のみを受給することができるに過ぎないこととなります。

この点、妻は、家の中で家事を行い、夫が職場で頑張って働けるように支え続けてきたにもかかわらず、離婚した場合、老齢基礎年金（1階部分）のみしか受給できないことになり、年金を受給できる年齢になっても十分な所得水準を確保できず、不公平だと言われてきました。

ちなみに、基礎年金は、20歳から60歳までの40年間、未納等もなくきちんと保険料を納めてきても、年額で、77万9300円（2017年4月基準）で、月額にしたら6万4900円程度にしか過ぎません。つまり、妻は、仮に離婚した場合には、その少ない年金で老後を過ごさなければならないのに対し、夫は、基礎年金に加え、厚生年金がもらえることから、妻がもらう額よりかなり高額の支給を受けることになるわけです。離婚をしないで一緒に暮らして、お互いの年金を合わせて生活すればそれなりの生活を送れるのに、離婚したとたんに、妻の経済状態が一方的に悪化するということです。この点、裁判所も、実務的には不公平解消のため扶養的な財産分与として定期的にお金を支払うよう命じたりしていましたが、夫が死亡してしまった場合にはもらえなくなるといった不都合を解決することはできませんでした。

図13-1 年金制度の体系（出典：厚生年金機構ホームページ）

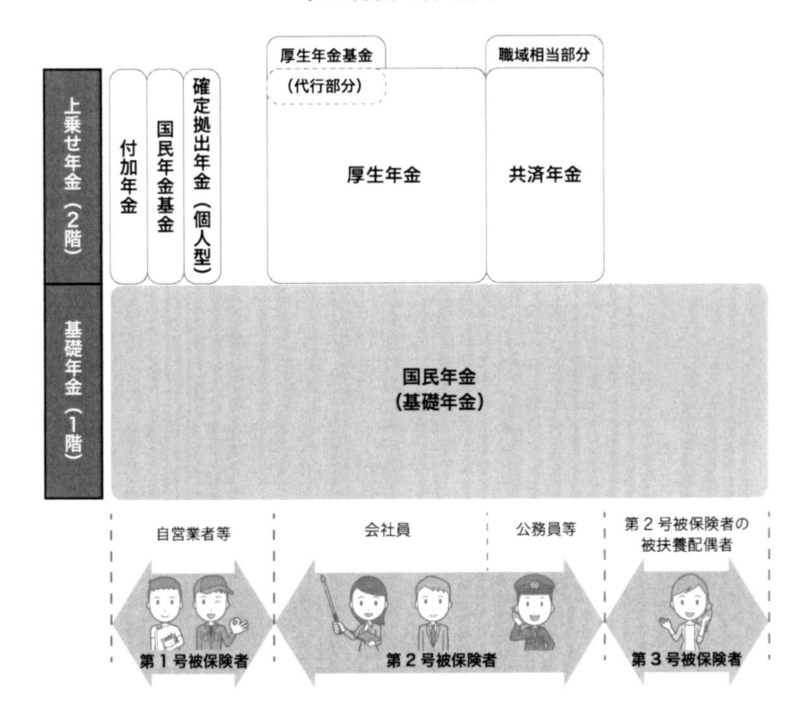

年金分割制度の創設

その不公平解消のため、冒頭で取りあげたように、2007年4月から、厚生年金保険・共済年金（2階部分）の被用者年金に関わる報酬比例部分の年金額の基礎となる標準報酬等について、夫婦であった者の合意または裁判により分割割合を定め、その定めに基づき、妻（妻が働いている場合には夫）からの請求によって、厚生労働大臣等が、標準報酬等の改定または決定を行うという「離婚時年金分割制度」が導入されることとなったのです。ちょっと用語が難しいですが、簡単に言えば、結婚している期間に支払ってきた年金のためのお金については夫婦が共同で納めたものとみなして、それぞれの将来の年金額を計算しようというものです。

この制度によって、夫のみが働いて厚生年金保険等（2階部分）の被用者年金の被保険者となっている夫婦が離婚した場合、婚姻期間中働いていなかった妻が、夫の標準報酬等の分割を受けることができるようになります。その結果、妻は老齢基礎年金や老齢厚生年金の受給資格を得れば、新たに算定される金額の厚生老齢年金（2階部分）を「自分自身のものとして」受給することができることとなりますので、夫が死亡しても、ずっと受給することができることとなります。

予定された年金額全体の半分をもらえるわけではない

ただし、この制度については、次の２点について注意が必要です。

第一に、年金分割制度は、年金額そのものを分割するものではありません。支給額の基準となる婚姻期間中の標準報酬等を分割する制度ですから、将来受給する予定の年金受給額の分割割合分（通常2分の1）をそのまま受給できるものではないという点です。たとえば、夫が受給する予定の厚生年金が20万円だから、分割によって、その半分の10万円をまるまる受給できるようになるという訳ではないのです。前述のように、結婚している期間に支払ってきた年金のためのお金については夫婦が共同で納めたものとみなそうというわけですから、当然のことながら、婚姻期間が短ければ分割によって現実に得られる金額も低くなります。ちなみに、分割によって得られる具体的な年金額を知りたければ、日本年金機構の年金事務所に対し申請して試算してもらうことができますので、離婚前であっても、夫に知られず、自分が得られる年金額を調べることが可能です。

第二に、年金分割は、厚生年金保険・共済年金（2階部分）のみが対象であり、国民年金（1階部分）、厚生年金基金や国民年金基金（3階部分）は分割の対象にはなりません。夫が自営業者等であって、厚生年金保険・共済年金（2階部分）の被用者年金の被保険者でなかったような場合には、分割の対象自体がありませんから、年金分割制度を利用することはできません。

合意分割制度と3号分割制度

既にご説明したように、2007年4月1日以後に成立した離婚を対象とし一定の条件に該当した場合、夫婦一方からの分割請求により、婚姻期間中の標準報酬等を夫婦で分割でき、夫と妻の各々が、分割された標準報酬等に基づき年金を受給することができることになります。

その条件とは、⑴婚姻期間中の厚生年金記録（標準報酬等）があること、⑵夫婦双方の合意または裁判手続で按分(あんぶん)割合を定めたこと（合意がまとまらない場合には、一方の求めにより、裁判所が按分割合を定めることになります）、⑶請求期限（原則として、離婚等をした日の翌日から起算して2年以内）を経過していないことです。

この場合、2007年4月1日以前の婚姻期間中の標準報酬等も分割の対象となり得ますが、分割を受ける側の割合の上限は2分の1となります。按分割合を定めるためには、分割の対象となる期間やその期間における標準報酬等、按分割合を定めることができる範囲などの情報を正確に把握する必要があることから、夫婦双方または一方からの請求に応じて、日本年金機構は必要な情報の提供を行っています。

ちなみに、上記のような制度を「合意分割」と言いますが、この制度ですと、条件（2）に挙げたように、夫婦双方の合意または裁判手続で按分割合を定めることが必要です。

これに対して「3号分割」という制度もあります。この制度は、2008年5月1日以後に成立した離婚を対象とし、国民年金の「第3号被保険者」（国民年金の加入者のうち、厚生年金、共済組合に加入している第2号被保険者に扶養されている20歳以上60歳未満の配偶者（年収が130万円未満の人））であった人からの請求により、2008年4月1日以後の婚姻期間中の第3号被保険者期間における相手方の標準報酬等を2分の1ずつ、自動的に分割するという仕組みです。この制度の場合、当事者双方の合意は必要なく、合意がまとまらないからといって裁判所に判断してもらう必要もありません。ただ、この制度で対象となるのは、あくまでも2008年4月1日以降に加入していた期間に対する年金にすぎません。2008年以降に結婚して一緒に暮らしていく夫婦が、将来利用する制度としては意味がありますが、長年暮らしてきた夫婦が離婚しようとする際には、現時点においては、それほど重要視される制度ではないと思われますので、「合意分割」の制度を利用する必要があると言えます。

別居期間は年金の分割割合に影響？

前記のように、年金分割においては、夫婦双方の合意または裁判手続で分割割合を定めたこと（合意がまとまらない場合には、一方の求めにより、裁判所が按分割合を定める）が必要となります。その際の分割割合（請求すべき按分割合）ですが、年金分割の制度趣旨から、対象期間における保険料納付に対する夫婦の寄与の程度は、特別の事情の無い限り相互に同等とすることが実務上原則とされています。それゆえ、家庭裁判所における審判や離婚訴訟の判決では、特別の事情がない限り、50%とする審判や判決が言い渡されます。

では、婚姻期間中に別居期間があった場合、別居期間は年金分割の対象となる婚姻期間に含まれるのでしょうか。この点、東京家庭裁判所（2008年10月22日審判）は、「対象期間における保険料納付に対する夫婦の寄与は、特別の事情のない限り、互いに同等と見るのを原則と考えるべきであり、また法律上の夫婦は、互いに扶助すべき義務を負っているから、別居により夫婦間の具体的な行為としての協力関係が薄くなっている場合でも、夫婦双方の生活に要する費用が夫婦の一方又は双方の収入によって分担されるべきであるのと同様に、それぞれの老後等のための所得保障についても夫婦の一方又は双方の収入によって同等に形成されるべき関係にあるところ、別居後も申立人（妻）が相手方（夫）に対し扶助を求めることが信義則に反していたというような事情は見当たらないから、別居期間中に関しても、相手方の収入によって当事者双方の老後等のための所得保障が同等に形成されるべきであって、約13年間の別居期間中の申立人の寄与を争う相手方の主張する事情は、保険料納付に対する夫婦の寄与が互いに同等でないと見るべき特別の事情に当たるとはいえない。」として、約13年間という長期の別居期間についても、年金分割の対象となる婚姻期間に含まれると判断しています。

この審判例は別居にいたる事情で申立人（妻）に特に責任がなかった事例ですが、これに対し、妻の宗教活動を理由として別居にいたった事例では、奈良家庭裁判所（2009年4月17日審判）は「この間（別居期間）、申立人（妻）と相手方（夫）は既に没交渉で、共同生活が再開されることは期待できない状態であり、しかも申立人は相手方から収入に照らしてもやや多めの婚姻費用分担額を受領していたのである。この間、被保険者たる相手方（夫）が負担した保険料につき、申立人が保険料を共同して負担したものであるとみることはできず、特別の事情があるということができる。」として、約6年間の別居期間を年金分割の対象となる婚姻期間に含まれないとしています。ただし、この判断は、抗告審において、「特別の事情については、保険料納付に対する夫婦の寄与を同等とみることが著しく不当であるような例外的な事情がある場合に限られるのであって、抗告人（妻）が宗教活動に熱心であった、あるいは、長期間別居しているからといって、特別の事情に当たるとは認められない。」として、覆されています（大阪高等裁判所・2009年9月4日決定）。

とはいえ、大阪高等裁判所の決定でも「保険料納付に対する夫婦の寄与を同等とみることが著しく不当であるような例外的な事情がある場合」には、別居期間が年金分割の対象となる婚姻期間に含まれないことになるとしていますので、要件は厳しいものの、一切の事情を顧みないというわけではありません。

退職金は離婚の際の財産分与の対象となるか？

以上、年金について説明してきましたが、同様に、離婚する熟年夫婦にとって重要なのが退職金です。退職金は労働協約、就業規則、労働契約等によって、支給することと支給基準が定められている場合、後払いの賃金としての性質を有することとなり、退職時に、支給基準で定められた金額の退職金を受け取る権利が認められることとなります。つまり、退職金は、まだ手元になくても、将来受け取ることができるという意味で財産的価値があり、離婚時の財産分与の対象になり得るということです。

しかし、退職金は、年金のように確実な支払いを期待することができる公的制度とは異なります。特に定年退職まで相当の期間がある場合には、どの時点で、いくらの退職金が支給されるのかを予想することは困難です。社会状況や経済状況の変動が激しくなり、以前と異なって、終身雇用制度も崩れつつある近年の状況ではなおさらです。勤務先そのものが倒産したり、就業規則を変更して退職金制度を廃止したり、また、法律や条例等が改正されることもあり得ますし、本人が解雇されたり中途退職せざるを得ない場合も想定できます。

そこで、いつ、いくら受け取ることができるかが不明確な退職金について、本当に離婚の際の財産分与の対象にできるのかが問題となってくるわけです。

何年後の退職金まで対象になるのか？　その範囲は？

まず、どのくらい先に支払いが予定される退職金までが財産分与の対象になるのかですが、様々な裁判例があります。

定年退職までの期間が5年以内（東京家庭裁判所・2010年6月23日審判、大阪高等裁判所・2007年1月23日判決、東京地方裁判所・2005年1月25日判決)、6年以内（東京地方裁判所・1999年9月3日判決)、7年以内（東京地方裁判所・2003年4月16日判決、東京高等裁判所・1998年3月13日判決)、9年以内（東京地方裁判所・2005年4月27日判決）などの場合に、近い将来受領し得る蓋然性(がいぜんせい)が高いと、それぞれの判断理由の中で指摘され、財産分与の対象とされています。他方、定年退職まで15年以上の場合（名古屋高等裁判所・2009年5月28日判決）では、退職金を財産分与の対象とはしないとの判断が示されています。個々の事案による判断となりますので、確実なことは言えませんが、裁判例からは、おおむね10年という期間が、退職金を財産分与の対象とすべき、近い将来か否かの一つの目安になると思われます。

では、財産分与の対象になるとした場合、その対象は現時点で退職した場合に支給される退職金なのか、将来退職した場合に支給される退職金なのか、いずれでしょうか。この問題に関して、裁判所の判断は分かれており、明確な傾向は特に認められないようです。現時点（別居時点、離婚時点など）とした裁判例や、将来の定年退職時の退職金を対象とした裁判例など、判断が分かれているわけです。

いつ相手に支払うのか？

以上のように、離婚における退職金の問題は、裁判所の判断も色々と分かれているわけですが、さらにまだ問題があります。それは将来、勤務先からもらうお金である退職金について仮に財産分与として支払うとした場合、いつ支払うことになるかです。

裁判例では、財産分与の対象とされた退職金の支払いについては、将来退職金が支給されたときとするものが多いと思われます。その根拠は様々ですが、実際に退職金が支給されるのは将来であることを端的に理由とする裁判例や、実際にはまだ受領していない退職金の分まで離婚時点で用意しなければならないという資金調達の不利益を強いることになる点などを理由として示している裁判例などがあります。

他方、離婚時を支給時期とする裁判例もあります。財産分与の義務者に多額の預金があったため離婚時に退職金の分も含め支給することができた場合や、財産分与義務者名義のマンションの任意売却が可能でありそこから退職金の分まで調達できた場合などです。離婚時点で退職金の分まで支給することになるのは、財産分与の義務者にそれに見合う資産があるという例外的な場合と考えることができそうです。

離婚する場合、老後の資金計画に相当の影響が

以上説明してきましたが、一般論として熟年離婚をする場合、退職金と年金に大きな影響が出ることがお分かりいただけたと思います。相談者は、ある程度の規模の企業に勤めているとのことですので、おそらく、国民年金（1階部分）、厚生年金保険及び共済年金（2階部分）、さらには厚生年金基金（3階部分）の3種類の年金が将来支給されることになると思います。そのうち2階部分の厚生年金保険については、就職するのと同時に結婚したということですので、そのほぼ2分の1が奥さんに分割されると思われます。また、退職金ですが、現在の年齢からいって裁判所

の基準を前提にすると、分割の対象となるかどうか微妙なところです。仮に分割対象となった場合には相当の金額が奥さんへの財産分与で消えてしまいます。また、そもそも、退職金や年金ばかりでなく、結婚中に蓄えた貯金や不動産も、原則としてはその2分の１が奥さんへ財産分与として渡されることになります。

定年退職後に必要とされる生活費については、総務省の調査をはじめ、様々な調査結果がネット上に掲載されています。いずれも、ゆとりある生活を送るためには相当額の資産や収入（年金）が必要とされています。また、相談者のように、これから再婚し子供を作ることも想定しているならば、もっと多額の費用が必要となります。資金面だけから言えば、熟年離婚する場合、老後の資金計画に相当の影響が出ることを前提に、将来のライフスタイルを想定しながら十分慎重に離婚するかどうかの判断を行うことをお薦めしたいと思います。

第5章 身近な事件・事故に関わる諸問題

CASE14
愛犬が他人に怪我をさせた…。飼い主の責任は？

【相談】

私たち夫婦は自宅のマンションで大型犬を飼っています。近くにはちょっとした森林公園があって休日には必ず犬と一緒に散歩に出かけます。大型犬と言っても、性格は穏やかでめったなことでは吠えたりしませんし、管理規約にも犬を飼ってもよい旨が明記されているので、特に問題などは起きないだろうと安心していました。ところがある日、妻が「ねえ、これを見て」と言いながら週刊誌を持ってきました。見ると、芸能人夫妻が自宅マンション内で飼っていたドーベルマンが、隣人に咬みつく事故があり、飼い主であるその夫妻が多額の損害賠償請求を受けたという記事がデカデカと出ていて、急に心配になりました。一応、外出する際には、必ずリードをつけていますが、マンション内には小さなお子さんもおり、万が一のことがあったらと思うと落ち着かない気持ちです。犬の飼い主がどのような責任を負うのかについて説明してもらえませんか。

また、逆に飼い犬が他人の不法行為によって被害を受けた場合の損害賠償はどうなっているのでしょうか。ネットで調べたら、ペットは、法律上は「物」として扱われると書いてありましたが、私たち夫婦にとっては、我が子同然であって、仮に突然の交通事故などで死んでしまったら、大変な精神的ショックを受けることと思います。そのような場合、加害者に慰謝料などを請求することはできるのでしょうか。

芸能人の飼い犬による事件が話題に

2013年10月10日、有名芸能人夫婦の愛犬であるドーベルマンが、同じマンションの住人に咬みつき、住人が転居したため賃料収入を失ったとして、都内のマンション管理会社が損害賠償を求めた訴訟の判決（第2審）が言い渡され、東京高等裁判所は、夫婦側に1725万円の支払いを命じました。この事案では、実際に咬まれて怪我をした被害者からの賠償請求ではなく、当該マンションの管理会社が、被害者が退去したことにより得られなくなった賃料収入分（月額賃料175万円）および被害者に対して免除した解約違約金（期間前退去の場合に支払うことが定められていた賃料2ヶ月の違約金）相当分について損害賠償請求したというものであり、やや特殊な内容のため、判決内容自体は一般の方にはあまり参考になりません。ただ、飼い犬が第三者に怪我を負わせた際に、これほど大きな損害賠償請求を受ける可能性があるということを世間に知らしめたという点で、注目すべき判決だと思います。

今回は、自分の飼い犬が事件を起こした際に、その飼い主がどのような責任を負うのかを中心に説明していきたいと思います。

飼い犬が第三者に損害を与えた場合に関連する法律

動物に関する法律といえば、皆さんもよくご存じの「動物の愛護及び管理に関する法律」（いわゆる「動物愛護法」）という法律があります。同法では、7条で、「動物の所有者又は占有者は、命あるものである動物の所有者又は占有者として動物の愛護及び管理に関する責任を十分に自覚して、その動物をその種類、習性等に応じて適正に飼養し、又は保管することにより、動物の健康及び安全を保持するように努めるとともに、動物が人の生命、身体若しくは財産に害を加え、生活環境の保全上の支障を生じさせ、又は人に迷惑を及ぼすことのないように努めなければならない」と規定されています。ただ、この規定は、動物の飼い主に対して、動物が人の生命、身体、財産に害を加え、迷惑となる行為をさせないようにする「努力義務」を定めているに過ぎません。

現実にペットである飼い犬が第三者に損害を与えた場合に問題となってくる主な法律としては、民法718条1項を挙げることができます。同条は、「動物の占有者は、その動物が他人に加えた損害を賠償する責任を負う。」と規定しており、飼い犬が他人に危害を加えた場合、動物の占有者である飼い主が損害賠償責任を負うと明記しているのです。他方、飼い主が十分に注意を払った場合にまで責任を負わせるのは酷であることから、同条ただし書きにおいて、「動物の種類及び性質に従い相当の注意をもってその管理をしたときは、この限りでない」と規定しています。逆に言えば、飼い主は、自分が「相当の注意」を払ったことを立証しない限りは、損害賠償責任を負うことになるわけです。

やや難しい話になりますが、一般的な不法行為に基づく損害賠償責任の場合には、加害者の過失の立証責任は被害者が負う（被害者が加害者に落ち度があったことを証明しなければならない）ことになっているのですが、ここで問題となっている民法718条に基づく損害賠償責任の場合には、被害者側が動物の飼い主の過失を立証するのではなく、動物の飼い主の側が、「相当の注意」を払ったことを自ら立証しなければ責任を免れないとしています。つまり、たとえば誰かが飼っている犬に咬まれるなどの被害を受けた被害者は、単に自分に損害が発生したことだけを主張していけば良いのであり、あとは飼い主の方で相当の注意を払ったことを立証しないと責任を免れないということです。法律上、動物の飼い主に、通常より重い責任が課されているわけです。

飼い主が責任を負わずに済む場合

ここでいう「相当の注意」とは、どの程度の内容と考えれば良いでしょうか。この点、最高裁判所は、「通常払うべき程度の注意義務を意味し、異常な事態に対処しうべき程度の注意義務まで課したものでない」(1962年2月1日判決) と判示しています。そして、義務違反があったか否かについては、「その動物の種類性質および周囲の情況に照らし、その際とった占有者の具体的処置は相当であったかどうかによって決定せられる」(大阪地方裁判所堺支部・1966年11月21日判決) ことになり、(1) 動物の種類・雌雄・年齢、(2) 動物の性質・性癖・病気、(3) 動物の加害前歴、(4) 飼い主につき、その職業・保管に対する熟練度・加害時における措置態度、(5) 被害者につき、警戒心の有無、被害誘発の有無、被害時の状況といった事実関係をもとに、個別具体的に判断されることとなります。

たとえば、飼い主が「相当の注意」をもって管理していたとし、損害賠償責任が否定された裁判例としては、通り抜けのできない空地上の物置の横に2メートルの鉄鎖で繋留されていた飼い犬の咬傷事件で、今まで人に咬みついたことのない特に危険性のある犬ではないこと、一般人に開放された土地でないことが外見上容易に看取し得る状態にあったこと、被害者が無断で立ち入ったものであることなどの事実を認定し、飼い主の法的責任を否定したものがあります (東京地方裁判所・1977年11月30日判決)。

他方、袋小路の奥の小路に面する飼い主宅の玄関脇支柱に繋留されていた犬が、母親の監視を離れて1人で近寄ってきた1歳9ヶ月の男児の耳に咬みついた事案においては、平素おとなしい犬であっても、何らかの拍子に幼児などに咬みついて傷害を与える場合もあることは珍しいことではないのであるから、その様な事故を起さないような万全の手段をとることが、犬の占有者に要請される相当の注意義務であるとして、飼い主の損害賠償責任が認められています (大阪高等裁判所・1971年11月16日判決)。つまり、人の出入りのほとんどない場所に繋留されていたとしても、咬傷事件が発生した以上は、被害者の自招行為に基づくものでない限り、飼い主として「相当の注意」を払っていたとして責任を免れることができない事態も考えられるわけです。

そして、上記事案とは異なり、散歩中の咬傷事件の場合には、人との接触の機会がより多くなる上、常に飼い主の管理の下に置かれていることからして、より高い注意義務が要求されることになると思われます。飼い主については、免責事由を簡単には認めないのが、裁判例の傾向であり、飼い主の責任はほとんど「無過失責任」に近いものになるとも言われています。

飼い犬が噛みついた場合の損害

飼い犬が人に咬みついて怪我をさせた場合、飼い主が「相当の注意」をもって管理していたと認められない限り、飼い主は被害者に対し、治療費や慰謝料などの損害を賠償しなければならないことになります。請求できる損害の内容については、交通事故と同様に考えることができると思われますが、具体的に言うと、たとえば、(1) 治療費（必要かつ相当な範囲での実費)、(2) その他治療関係にかかった費用（医師の指示がある場合の特別室使用料等)、(3) 通院にかかった交通費など、(4) 休業損害、(5) 精神的・肉体的苦痛に対する慰謝料、(6) 壊された物がある場合の修理費などを賠償しなければならないことになります。

飼い犬が吠えただけでも損害賠償責任が発生

飼い犬による事故としては、上記のように、誰かに噛みついて怪我を負わせることが一般的と思われますが、被害者が吠えかかってきた犬に驚いて転倒し怪我をするような場合も想定されます。このような場合、飼い主は損害賠償責任を負うのでしょうか。

この点、参考になる裁判例があるのでご紹介します。散歩で通りかかった犬が突然1回吠えたことに驚いて転倒し、歩行者が骨折したという事案です。

裁判所は、「犬の行為としては、単に1回、原告に対し、吠えたというにすぎず、原告に飛び掛かろうとしたことはない。しかしながら、本件犬が原告に向かって吠えたことは、原告に対する一種の有形力の行使であるといわざるを得ず、犬の吠え声により、驚愕し、転倒することは、通常ありえないわけではないから、本件、犬が吠えたことと原告の転倒、ひいては、原告の受傷との間には、相当因果関係があるというべき」であるとし、飼い主に治療費や慰謝料等の損害賠償責任を認めました（横浜地方裁判所・2001年1月23日判決）。なお、この裁判において、飼い主は、「飼い犬を散歩に連れ出す際、飼い犬が吠えないようにする注意義務は、社会通念上、動物の占有者に課されてはおらず、神奈川県動物保護管理条例も散歩において、犬が吠えることを禁じていないし、また、この制御を飼育者に要求することは甚だ酷と言わなくてはならないから、本件犬の保管に過失はない。」と主張しました。これに対し裁判所は、「犬は、本来、吠えるものであるが、そうだからといって、これを放置し、吠えることを容認することは、犬好きを除く一般人にとっては耐えがたいものであって、社会通念上許されるものではなく、犬の飼い主には、犬がみだりに吠えないように犬を調教すべき注意義務があるというべきである。特に、犬を散歩に連れ出す場合には、飼い主は、公道を歩行し、あるいは、佇立（ちょりつ）している人に対し、犬がみだりに吠えることがないように、飼い犬を調教すべき義務を負っているものと解するのが相当である。」と判示し、飼い主の過失を認めています。

この裁判では、さらに「私法上の不法行為の過失の有無の判断は、神奈川県動物保護管理条例に拘束されるものでないから、被告が右条例を遵守したとしても、これをもって、被告に本件犬の保管に過失がないということもできない。さらに、被告は、犬が吠えることの制御をその飼い主に求めるのは甚だ酷である旨主張するが、動物を飼っている者は、その飼育から生ずる一切の責任を負担すべきであり、また、犬を調教することによって、これを達成することも可能であるから、酷であるとも言い難い。」とまで判示しています。

このように、裁判所が「動物を飼っている者は、その飼育から生ずる一切の責任を負担すべき。」とまで言い切っていることからしても、飼い主の責任は、ほとんど無過失責任に近いものになっていることがご理解いただけると思います。

飼っている動物が被害を受けた場合

では、逆に、飼っている動物が他人の不法行為によって被害を受けた場合の損害賠償はどうなるのでしょうか。たとえば、飼い犬が散歩中に交通事故にあって死んだり、怪我を負ったりしたような場合です。

飼い犬などのペットは、通常の自動車保険では財物、つまり「物」として扱われますので、対人賠償保険から治療費や慰謝料を受けられず、対物賠償保険から補償を受けることになります。この場合の補償ですが、あくまで「物」ですので、時価が原則となります。つまり、飼い犬が交通事故で死亡した場合には、その時価相当の賠償、怪我をした場合には、時価を上限に治療費が支払われることになるわけです。ここでいう時価は、血統書などによる客観的な判断によるわけですが、通常は購入代金額を上限に考えられるでしょうから、10万円で購入した犬が交通事故で怪我をして治療費が30万円かかったとしても、原則として10万円が補償の上限ということになると思われます。しかし、相談者も述べているように、ペットを家族同然と考える人も多く、ペットを「物」と考える考え方に納得できず、時価以上の治療費や慰謝料などを請求して裁判となる事例も増えてきています。

名古屋高等裁判所・2008年9月30日判決では、購入額6万5000円の飼い犬が交通事故で怪我をした事例において、「一般に、不法行為によって物が毀損した場合の修理費等については、そのうちの不法行為時における当該物の時価相当額に限り、これを不法行為との間に相当因果関係のある損害とすべきものとされている。しかしながら、愛玩動物のうち家族の一員であるかのように遇されているものが不法行為によって負傷した場合の治療費等については、生命を持つ動物の性質上、必ずしも当該動物の時価相当額に限られるとするべきではなく、当面の治療や、その生命の確保、維持に必要不可欠なものについては、時価相当額を念頭に置いた上で、社会通念上、相当と認められる限度において、不法行為との間に因果関係のある損害に当たるものと解するのが相当である。」とし、購入額を上回る13万6500円の治療費などが損害に当たると判示しています。また、同判決では、慰謝料についても、「近時、犬などの愛玩動物は、飼い主との間の交流を通じて、家族の一員であるかのように、飼い主にとってかけがえのない存在になっていることが少なくないし、このような事態は、広く世上に知られているところでもある。そして、そのような動物が不法行為により重い傷害を負ったことにより、死亡した場合に近い精神的苦痛を飼い主が受けたときには、飼い主のかかる精神的苦痛は、主観的な感情にとどまらず、社会通念上、合理的な一般人の被る精神的な損害であるということができ、また、このような場合には、財産的損害の賠償によっては慰謝されることのできない精神的苦痛があるものと見るべきであるから、財産的損害に対する損害賠償のほかに、慰謝料を請求することができるとするのが相当である。」とし、飼い主の夫婦に各々20万円の慰謝料が相当と判示しています。この事例は、飼い主の夫婦には子供がおらず、飼い犬を我が子のように思って愛情を注いで飼育しており、飼い主との交流を通じて、飼い犬が、家族の一員のように、かけがえのない存在になっていたと認められたものです。

このように、事情によっては、購入費を上回る治療費や慰謝料が認められる場合もありますので、不幸にもこのような事態に遭遇してしまい、「物」としての賠償ではどうしても納得いかないという場合には、訴訟も含めた法的手段を検討する余地はあるということです。

CASE15
プロ野球観戦中に打球が直撃して失明、誰に責任追及？

【相談】

私は子供の頃から野球が大好きで、プロ野球では読売ジャイアンツの大ファンです。ここ数年はさらに応援熱が高じ、東京ドームのシーズンシートを２席購入し、小学３年生の息子と一緒にほぼ毎試合観戦しています。ちょっと贅沢ですが、私はゴルフもお酒もやらないので、妻には「唯一の趣味だから」と言って許してもらっています。東京ドームには、選手たちと同じ目線で野球観戦できる「アットホームエキサイトシート」というシートがフィールド上に設けられています。このシートには防球ネットが張っていないため、クリアな視界で観戦できるだけでなく、時には打球や選手が飛び込んでくる臨場感満点のシートなのです。アメリカのメジャーリーグの球場でおなじみですよね。

すでに何回かこの席で野球観戦をしましたが、やっぱりすごいです。打球がすごい勢いで飛び込んで来て、息子なんか試合中ずっとグラブをつけて臨戦態勢です。時には、打球を追った選手が倒れ込んでくるなど、今まで味わったことのない臨場感を味わうことができ、満足しています。ただ、当然のことながら、この手のシートで、ボールが当たってけがをする人も大勢いると聞いており、安全性についてこのままで大丈夫なのかなとも思っています。特に、最近は、野球場がテーマパークのようになってきて、昔のような熱狂的野球ファンだけではなく、色々な人が観戦するようになり、なおさら安全性につき懸念を持つようになりました。ただ安全面を重視しすぎて、防球ネットばかりとなり臨場感が失われるのも、ファンにとっては残念です。このあたりの現状を教えてくれますか。

打球直撃で失明　球団に賠償命令

札幌地方裁判所が2015年3月に出した打球事故に関する判決は、スポーツ界に大きな波紋を投げかけました。事故が起きたのは2010年。30歳代の女性が夫と子供3人とともに札幌ドームの内野席でプロ野球の試合を観戦中に、隣に座った子供の様子をみようと、顔を向けて視線を上げた瞬間にファールボールが右顔面を直撃しました。女性は、右顔面骨骨折及び右眼球破裂によって失明し、その後、北海道日本ハムファイターズ（以下「日本ハム」とします）と札幌ドーム、札幌市に対して損害賠償を請求していたものです。札幌地方裁判所は、約4200万円の損害賠償責任を認めたわけですが（2015年3月26日判決）、打球事故を原因とした負傷に関し、観客が起こした損害賠償請求が認められた初めてのケースということで、世間でも話題になりました。

野球場の安全性と臨場感

最近では、アメリカで活躍する日本人メジャーリーガーも多くなり、メジャーリーグのテレビ中継をよく目にするようになりました。見ていていつも思うのは、メジャーリーグの球場が内野スタンドとの距離が近いばかりではなく、バックネット以外の場所には防球ネットを備えていない球場が多いことです。この結果、観客が選手と一体となりその臨場感を楽しんでいる印象を受けます。スタンドに飛び込んでくるファールボールについても、危険なものというより、多くの人がグローブ片手に、ボールが飛んでくるのを楽しみに待っている様子すらうかがえます。ファールフライを見事キャッチして、観客から拍手喝采を受け、嬉しそうに手を振る子供や女性の姿をテレビで見ていると、日本とは大分違うなあという印象を受けます。日本でも最近では、防球ネットがあると観戦しづらい、臨場感がないといった観客の声を受けて、ネットを低くしたり、フィールド上に設けられた選手たちと同じ目線で野球観戦ができるシートを設けたりする球場が増えてきているようです。たとえば、日本ハムの本拠地である札幌ドームは2006年に内野席の防球ネットを撤去していますし、読売ジャイアンツの本拠地である東京ドームでは2005年、相談者も指摘しているエキサイトシートが設けられました。ただ、観戦中にファールボールなどがスタンドに飛んできて、けがをすることも少なくありません。

野球場の管理者・所有者や主催球団は、観客席にファールボールが飛び込むことを当然予想できることから、ファールボールが観客席に入って観客がけがをする危険をできるだけ防止する義務があるとされます。その一方で、観客もあえてボールが飛び込んでくる場所で観戦する以上、ファールボールに気をつける注意義務があり、万が一けがを負ったとしても「自己責任」の範囲内であるとも考えられます。現にアメリカでは、ファールボールなどが飛んでくるのが当たり前の野球場で、ボールに当たってけがをしても自己責任という考え方が定着しているようです。ボールばかりでなく、折れたバットが飛んできたような事故でも賠償責任が認められなかったケースもあるようで、ここでも日米の文化の違いを感じるところです（ただアメリカでも最近、必ずしも自己責任一辺倒ではないようです）。

過去の日本の裁判例は？

今回、打球事故で初の賠償命令が出たということで、札幌地方裁判所の判決が注目を集めているわけですが、同様の事案で賠償を認めなかった事案として有名なのが、クリネックススタジアム宮城（現・Koboパーク宮城）での楽天戦で発生した事故の裁判です。この事案は、原告（筆者注：打球事故の被害者男性）が3塁側内野席シートで座って観戦中に、観客席を歩きながらビールを販売していた販売員から紙コップ入りのビールを購入し、座席前のコップホルダーに置いた後、顔を上げた瞬間に右眼にファールボールが直撃したケースです。男性は、眼球破裂等により視力が0.03（矯正後）にまで低下しました。そして、男性は、ファールボールなどから観客を守るネットなどの安全装置を設置する義務を怠ったことなどを理由として、球場の所有者である宮城県と、球場を管理・運営していた楽天球団に対し、損害賠償を請求しましたが、仙台地方裁判所は、当該球場に設置された内野席フェンスの構造・内容は、球場でとられている安全対策と相まって、観客の安全性を確保するために相応の合理性があるなどとして、男性の請求を棄却しています（2011年2月24日判決）。

施設の安全性を問う民法717条

今回、野球での打球事故に関する裁判を説明するには、民法717条について予め解説しておく必要があります。これは施設の安全性を問う場合に問題となる条項です。

民法717条1項の規定は以下の通りです。

「土地の工作物の設置又は保存に瑕疵があることによって他人に損害を生じたときは、その工作物の占有者は、被害者に対してその損害を賠償する責任を負う。ただし、占有者が損害の発生を防止するのに必要な注意をしたときは、所有者がその損害を賠償しなければならない。」

つまり、野球場（土地の工作物）の設置又は保存の仕方に問題があり、それによって観客（他人）に損害が生じた場合、一義的には、プロ野球球団や球場管理会社（工作物の占有者）が被害者に対して責任を負うというものです。しかし、占有者が損害発生防止に必要な注意をしていたときは、野球場（土地の工作物）の所有者（札幌ドームは札幌市所有）が損害を賠償しなければならないと定めているわけです。

この規定は、工作物の設置・保存の瑕疵のみを要件とし、故意・過失を要件とせずに賠償責任を認めるものです。このように占有者あるいは所有者に重い責任を負わせるのは、危険な物を管理している者は、その危険についての責任を負うべきであるという「危険責任の法理」を根拠にしていると考えられています。したがって、民法717条1項の責任が認められるかについては、野球場の設置又は保存に「瑕疵」があったかどうかが争点となるわけです。

特に、その施設が公のものである場合、国家賠償法2条1項が下記のように民法717条1項と同様の規定を置いています。

「道路、河川その他の公の営造物の設置又は管理に瑕疵があったために他人に損害が生じたときは、国又は公共団体は、これを賠償する責に任ずる」

野球場は、一般に公の営造物であることが多いことから、その「設置又は管理の瑕疵」(国家賠償法2条1項)及び「設置又は保存の瑕疵」(民法717条1項)の両方が問題となります。現に札幌地方裁判所の事案も、前述の仙台地方裁判所の事案も同様に、民法717条1項及び国家賠償法2条1項の問題が重要な争点となっています。

損害賠償を認めた札幌地方裁判所

冒頭で紹介したように、札幌地方裁判所は、日本ハムなどに対して、約4200万円の損害賠償責任を認めましたが(2015年3月26日判決)、第2審の札幌高等裁判所は、札幌地方裁判所判決を変更し、日本ハムに対してのみ約3350万円の賠償を命じて、球場を管理する札幌ドームと所有する札幌市への請求は棄却しました(2016年5月20日判決)。

原告である女性が欠陥を主張した、球場設備の瑕疵については、札幌ドームの内野フェンスの高さが他球場に比べ特に低かったわけではなく、通常の観客を前提とすれば安全性を欠いていたとは言えないとし、瑕疵があったとは認めず、球場を管理する札幌ドームと所有する札幌市の責任については否定したわけです。一方、試合を主催していた日本ハムの責任については、日本ハムが小学生を招待した企画に保護者として付き添っていて被害を受けた女性には、野球の知識がほとんどなかったとし、日本ハムは打球の危険性を告知し小学生と保護者の安全に配慮する義務があったが、十分尽くしたとは認められないと指摘し、損害賠償の責任を負うとしました。ただし、原告の女性が、打者が打った瞬間は見ていたが、その後の打球の行方を見ていなかった過失があったとして、2割の過失相殺を認め、損害賠償の金額が減額される結果となっています。

この第2審判決を受けて、日本ハムは、「球団の主張通り、他の球場同様、札幌ドームにおける野球観戦の安全性を認めていただいた点は妥当な判断であると考えます。球団の安全配慮義務違反を認めた点につきましては、判決を十分に精査した上で今後の対応を検討致します。」とのコメントを発表しました。そして、その後、双方ともに上告しなかったことから、上記札幌高等裁判所の判決が確定しました。

今後の野球場の在り方

判決は施設の瑕疵は認めていませんから、視認性や臨場感を犠牲にしてまで、ファウルボールなどから観客を守る防球ネットが、全国で一律に設置されるような事態にはならないと思われます。他方、これ以上、防球ネットの整備が進まないとなると、野球場のテーマパーク化の進行に伴って急増している、野球に関する知識を欠いた観客に対する安全対策が急務になってきます。

今後、日本ハムに限らず、球団が、具体的にどのような対策を取っていくかについて注目したいと思います。

CASE16
自転車の危険運転による事故が多発、前科がつくおそれも

【相談】

夕刻、スマートフォンからLINEの着信音が鳴りました。見ると、社会人になったばかりの娘から。「後ろから自転車がぶつかってきてけがしちゃった」と書いてあります。慌てて、「大丈夫か？」と返信したところ、娘からは「かすり傷程度だから大丈夫。でも、腰も打っちゃって」という返事。念のため、病院で精密検査を受けさせましたが、異常はなくてひと安心です。でも、娘の話によると、ぶつかってきた自転車の男は、「すいません」とだけ言い残して、走り去ってしまったとのことです。

そんなことがつい先日あって、新聞を読んでいたら、自転車に関する道路交通法が改正されたという記事が載っていました。重大な事故につながる危険行為を繰り返した自転車の運転者に対して、安全講習の受講を義務づけるようになったとか。言うまでもなく、自転車は時に自動車と同じく凶器になり得るものです。死亡者や病院で寝たきりになってしまう人すら出ているにもかかわらず、猛スピードで歩道を走行する自転車や、あたかも歩行者が避けるのが当然というように、ベルを鳴らしながら歩道を走り抜けていく自転車もよく見ます。ああいうマナーの悪い人達の精神構造はどうなっているのか。娘のこともあって、もっと自転車に対する規制を強化して欲しいと思っていただけに、自転車に関する法改正には大賛成です。そこで、この新聞にのっていた法改正の内容を詳しく説明してもらえますか。

自転車危険運転で講習

2015年6月1日の新聞各紙を賑わせたのが、自転車の運転者に対して、安全講習の受講を義務づける改正道路交通法施行のニュースでした。改正道路交通法では、刑事処分とは別に、3年以内に2回以上、危険行為で摘発された14歳以上の運転者に、各地の警察本部や運転免許センターなどでの安全講習（3時間）の受講が義務づけられることになります。

図16-1 自転車危険運転で講習（出典：読売新聞）

自転車 危険運転で講習

法改正 きょうから義務化

重大な事故につながる「危険行為」を繰り返した自転車の運転者に、安全講習の受講を義務づける改正道路交通法が1日に施行される。改正法では、従来の道交法違反にあたる悪質運転のうち、信号無視や酒酔い運転、交差点での一時不停止など14項目を危険行為と規定。自動車に比べ、運転ルールを学ぶ機会の乏しい自転車の運転者に対し、受講を通してマナーを向上させて自転車の死亡事故などを減らしたい考えだ。（関連記事33面）

14歳以上 3年で2回摘発なら

1日に施行される改正道交法では、刑事処分とは別に、3年以内に2回以上、危険行為で摘発された14歳以上の運転者に、各地の警察本部や運転免許センターなどでの安全講習（3時間、5700円）の受講が義務づけられる。受講の命令を受けて3か月以内に受講しなければ、5万円以下の罰金が科される。

警察庁によると、2014年中に交通事故で死傷した自転車運転者10万6442人のうち、約64%にあたる6万7876人が、信号無視などの道交法違反に問われるケースだった。刑事処分の対象となる「交通切符」（赤切符）の交付件数も昨年は7716件で、同庁が全国の警察に自転車の取り締まり強化を指示した06年の268件の約30倍に急増。自転車の運転マナーが問題となっていた。

自転車絡みの事故は、約18万8000件（04年）から約10万9000件（昨年）と減少しているが、この間、交通事故全体の約2割を占め続けている。自転車単独や自転車同士、自転車と歩

最近、朝方や夕方に、スーツを着たサラリーマン風の人が、車道を自転車で颯爽と走っていく姿をよく目にするようになりました。健康志向の高まりを受け、通勤などで自転車を利用する人が増えているのだと思います。ただ、高機能の自転車が車道を高速で走行すると、もはやバイクなどと何も変わらず、横断歩道を歩行中に、信号を無視してきた自転車にヒヤリとした経験を持つ人も多いと思います。同日付の新聞にも「自転車　凶器になる」との大見出しが掲げられ、一歩間違えれば大事故につながりかねない自転車に対する対策が必要であることが指摘されてい

ました。

自転車事故で相次ぐ、多額の損害賠償を命じる判決

改正道路交通法施行直後の2015年6月10日、横断歩道を渡っていた77歳の女性が、イヤホンをつけながら自転車を運転していた19歳の少年にはねられ死亡したとのニュースが流れました。被害に遭った女性は、近所に住む娘さんを訪ねた帰りの横断歩道上で事故に遭遇したそうで、何とも痛ましい話です。

また、2017年10月にも、スマートフォンを操作しながら自転車を運転していた女子大生（20歳）が、歩行者に衝突し死亡させ、その後、重過失致死容疑で書類送検されるとの報道が流れました。その女子大生は、左耳にイヤホンをつけ、左手にスマホ、右手に飲み物を持って走行していたそうです。度々問題視されていた“ながらスマホ”による自転車事故でついに死亡者が出たとして話題になりました。

ちなみに、上記のような「自転車対歩行者」の事故ばかりではなく、「自転車同士」の事故も多発しています。たとえば、男子高校生が昼間、自転車横断帯のかなり手前の歩道から車道を斜めに横断し、対向車線を自転車で直進してきた男性会社員（24歳）と衝突、男性会社員に重大な障害（言語機能の喪失等）が残ったという事案で、東京地方裁判所は9200万円余りの損害賠償を認めています（2008年6月5日判決）。このような重大事故が発生した場合、自動車における自賠責保険のような強制加入保険がない自転車では、事実上賠償を受けられないことも想定され、一層大きな問題となっています。

現在、たとえ自転車であっても悪質な違反を繰り返すような運転者は、略式起訴され罰金刑を科される状況となっており、上記のように、民事上の責任が重くなるのに伴い、刑事上の責任においても自転車運転者に対する厳罰化の動きが今後ますます進んでいくと思われます。

自転車運転者講習制度の開始

以上のような状況の中で、2015年6月1日から施行されたのが、自転車の運転による交通の危険を防止するための講習（自転車運転者講習）に関する規定が盛り込まれた改正道路交通法です。公安委員会が行う講習として、改正道路交通法108条の2第1項14号で「自転車の運転による交通の危険を防止するための講習」が設けられました。

危険行為

自転車運転者講習の受講命令の要件となる危険行為は、道路交通法施行令41条の3で、次の14類型が規定されています。

①信号無視
②通行禁止違反
③歩行者用道路における車両の義務違反（徐行違反）
④通行区分違反
⑤路側帯通行時の歩行者の通行妨害
⑥遮断踏切立入り
⑦交差点安全進行義務違反等
⑧交差点優先車妨害等
⑨環状交差点安全進行義務違反等
⑩指定場所一時不停止等
⑪歩道通行時の通行方法違反
⑫制動装置（ブレーキ）不良自転車運転
⑬酒酔い運転
⑭安全運転義務違反

それぞれの危険行為の詳細

自転車は道路交通法上「軽車両」に該当しますので、自転車のルールには、多くの方が教習所などで学ぶ「自動車」のルールと異なる特有のものがあります。内容を誤解している方も多いと思われますので、少し長くなりますが、危険行為とされている14類型を簡単に確認しておきたいと思います。

①信号無視（7条）

自転車の場合、車道を通行するときには原則として、車両用信号機に従わなければなりません。一方、横断歩道上を横断しようとするときには、歩行者用信号機に従わなくてはなりません。ただし、車両用信号機や歩行者用信号機に「自転車専用」や「歩行者・自転車専用」の表示がある場合には、車道を通行するときであっても車両用信号機ではなく、この信号機に従わなくてはなりません。

②通行禁止違反（8条の1）

道路標識により自転車の通行を禁止されている道路は通行してはいけません。車両通行止め、車両通行禁止、歩行者専用等の標識がある場合には、自転車は通行することはできません。また、一方通行の標識にも従う必要があります。なお、このような標識があった場合でも、自転車は軽車両とされていますので、「軽車両を除く」等の補助標識がある場合には、自転車は通行禁止の対象から除外されることになります。

③歩行用道路における車両の義務違反（徐行違反）（9条）

道路標識などによって車両の通行が禁止されている歩行者用道路を、許可を受けて通行する場合や、自転車が通行禁止の対象から除外されている場合、「特に歩行者に注意して徐行しなければならない」とされています。「徐行」とは、歩行者に危害を加えることを確実に防ぐために、「車両等が直ちに停止することができるような速度で進行すること」です。一般には、歩道における徐行スピードの目安は時速4〜5km程度とされており、相談者が指摘する事例、すなわち猛スピードで歩道を走行する自転車は、違法ということになります。

④通行区分違反（17条第1項、4項又は6項）

歩道と路側帯と車道の区別がある道路においては、自転車は車道を通行しなければなりませんし、道路の中央部分より左側を通行しなければなりません。また、安全地帯又は道路標識等により車両の通行の用に供しない部分であることが表示されているその他の道路の部分に入ってはなりません。

⑤路側帯通行時の歩行者の通行妨害（17条の2第2項）

路側帯は、「歩行者の通行の用に供し、又は車道の効用を保つため、歩道の設けられていない道路又は道路の歩道の設けられていない側の路端寄りに設けられた帯状の道路の部分で、道路標示によって区画されたもの」と定義されています。つまり、車道の端に白線を引いて車道と区分している部分です。この路側帯を自転車も通行することができますが、歩行者がいる場合には、「歩行者の通行を妨げないような速度と方法で進行しなければならない」とされています。

⑥遮断踏切立入り（33条第2項）

法文上、「踏切を通過しようとする場合において、踏切の遮断機が閉じようとし、若しくは閉じている間又は踏切の警報機が警報している間は、当該踏切に入ってはならない」とされています。遮断機が閉じている場合のみでなく、警報機が警報している間も踏切に入ることは禁止されているわけです。

⑦交差点安全進行義務違反等（36条）

信号機のない交差点を直進する場合、原則として、左側から来る車両が優先されることになりますので、左側から来る自動車や自転車の進行を妨害してはいけないことになります。

⑧交差点優先車妨害等（37条）

信号機のない交差点で右折する場合には、直進や左折する車両等の進行を妨害してはいけません。

⑨環状交差点安全進行義務違反等（37条の2）

環状交差点とは、「車両の通行の用に供する部分が環状の交差点であって、道路標識等により車両が当該部分を右回りに通行すべきことが指定されているもの」をいいます。日本では、まだそれ程多くありませんが、信号のないロータリー状の交差点を通行する場合には、侵入の際に徐行しなければならず、通行する車両の進行を妨害してはならないとされています。

⑩指定場所一時不停止等（43条）

一時停止の標識や道路標示のある場所では、停止線の直前（停止線が設けられていない場合には交差点の直前）で一時停止をしなくてはなりません。

⑪歩道通行時の通行方法違反（63条の４第２項）

自転車通行可能とされている歩道を自転車で通行する場合、歩道の中央から車道寄りの部分（道路標識等で通行すべき部分が指定されている場合はその部分）を徐行しなければいけません。歩行者の通行を妨げる場合には一時停止しなければなりません。ベルなどで歩行者を立ち止まらせたり、どかしたりした場合には、通行を妨げたことになります。相談者が指摘した事例、すなわち、あたかも歩行者が避けるのが当然というようにベルを鳴らしながら歩道を走り抜けていく自転車は違法ということになります。

⑫制動装置（ブレーキ）不良自転車運転（63条の9第1項）

法文上、「自転車の運転者は、内閣府令で定める基準に適合する制動装置を備えていないため交通の危険を生じさせるおそれがある自転車を運転してはならない」とされています。内閣府令である道路交通法施行規則9条の3第1号では「前車輪及び後車輪を制動すること」とされています、したがって、前後ともにブレーキがない場合だけでなく、どちらか片方だけブレーキがない場合も危険行為に該当します。

⑬酒酔い運転（65条第1項、117条の2第1号）

法65条1項で酒気を帯びて自転車を運転してはいけないとされていますが、危険行為に該当するのは、酒に酔った状態（アルコールの影響により正常な運転ができないおそれがある状態）にあった場合に限定されています。とはいえ、酒に酔っていなくても、酒を飲んで自転車を運転してよいわけでないことは言うまでもありません。

⑭安全運転義務違反（70条）

法文上、「車両等の運転者は、当該車両等のハンドル、ブレーキその他の装置を確実に操作し、かつ、道路、交通及び当該車両等の状況に応じ、他人に危害を及ぼさないような速度と方法で運転しなければならない」と規定しています。これは一般的な規定なので、状況に応じて該当するかが個別的に判断されることになると考えられます。この点は、次に解説します。

安全運転義務違反の具体例

上記⑭の「安全運転義務違反」は一般的規程であり、何が該当するか、条文だけからは明確ではありません。

まず、片手で携帯電話を使用しながら自転車を運転することや傘を片手で差しながら自転車を運転した場合も、危険行為に該当する可能性はあると考えられます。「ハンドル、ブレーキその他の装置を確実に操作」することができないこともあるからです。ヘッドホンやイヤホンで、大音量の音楽を聞きながら自転車を運転した場合も、周囲の音が遮断されて、「道路、交通及び当該車両等の状況に応じる」ことができない場合があるので、やはり危険行為に該当する可能性はあると考えられます。

では、イヤホンで音楽を聞いていても片耳だけの場合や小さい音で聞いていた場合はどうでしょうか。これは運用の問題だと思われますので、自治体によって異なるかもしれません。たとえば、神奈川県警のホームページのQ&Aでは、「運転中に片耳のイヤホンで音楽やラジオを聞くのも違反ですか？　また、両耳のイヤホンやヘッドホンでも、小さい音で聞くのはいいのですか？」という質問に対し、「イヤホンやヘッドホンの使用形態や音の大小に関係なく、安全な運転に必要な音又は声が聞こえない状態であれば、違反となります。」とされています。

自転車運転者講習の受講命令

改正道路交通法108条の3の4は、自転車の運転に関して、危険行為を反復して行った者が、更に自転車を運転して交通の危険を生じさせるおそれがあると認めるときに、公安委員会が自転車運転者講習の受講を命じることができるとしています。具体的には、14歳以上の自転車運転者が、対象となる危険行為によって、3年以内に2回以上、違反切符による取締りまたは交通事故を繰り返した場合に、自転車運転者講習の受講が義務付けられることになるとされています。

なお、危険行為をした自転車運転者は、警察官から指導・警告を受けることになり、その際に、「自転車指導警告カード」というものが交付されますが、このカードを受け取っただけでは、自転車運転者講習の対象となる危険行為を行ったことにはなりません。自転車運転者講習を受けなければならない3年以内に2回以上という要件にはカウントされないわけです。この場合、単に警察に記録として残るだけであり、その後、違反を繰り返したような場合に参考にされる程度の話であり、特段の不利益はないと考えられます。

これに対して、指導・警告に従わない場合（停止を求められているのに逃走しようとした、違反行為をやめるように求められているのに無視した、事情聴取に応じようとしなかったような場合などが考えられます）には交通違反切符が交付されることになります。また、悪質で危険度が高い場合には、指導・警告を経ることなく、警察官が発見してすぐに交通違反切符を交付する場合もあります。この交通違反切符が交付された場合に、自転車運転者講習の対象となる危険行為を行ったものとしてカウントされることになるのです。

注意すべきなは、ここで言う交通違反切符とは、いわゆる「赤切符」というものです。自動車免許をお持ちの方なら分かると思いますが、自動車において交通違反をした場合、交通反則通告制度によって、軽微な違反であれば、いわゆる「青切符」という交通反則告知書が渡され、反則金納付や減点、免許停止等の行政処分で済まされます。これに対して、「赤切符」は重度な交通違反をした場合に限られるわけです。しかし、自転車の場合には免許制度がありませんから、交通反則通告制度の対象外となって、「青切符」が切られることはなく、いきなり「赤切符」が切られることになります。神奈川県警のホームページにも「自転車の違反行為については、反則行為に該当しないことから、交通切符（通称赤切符）で手続きすることになり、成人は区検察庁に、少年は家庭裁判所に送致されることになります。」と記載されています。つまり「赤切符」が切られた場合には刑事処分の対象となるわけです。もちろん、起訴猶予となる場合もあり得ますが、多くのケースで罰金刑が言い渡されることになります。そして、罰金刑が言い渡された場合、「青切符」の反則金納付とは異なり、前科がつくことになってしまうわけです。この点は十分認識しておくことが重要だと思います。

ちなみに、危険行為をした自転車運転者が、警察官から指導・警告を受けた際に交付される「自転車指導警告カード」は、「赤切符」でなく、また「青切符」でもありません。今回の自転車運転者講習の導入に際し、自転車の場合にも、自動車と同じような青切符制度が導入されると勘違いしている人もいるようですが、そのような事実はありません。「自転車指導警告カード」の交付を受けただけの場合、指導・警告を受けただけであり、自転車運転者講習の対象の違反行為の回数には含まれず、また、青切符や赤切符を受けたことにもなりません。

自動車の場合には、ある程度重い違反行為(たとえば一般道で時速30キロ以上、高速道路で同40キロ以上のスピード違反や、無免許運転など)をしない限り、いきなり赤切符を切られるようなことには通常なりませんが、自転車の場合、理屈上は違反行為の軽重にかかわらず、赤切符が切られることになります。運用の仕方次第ではありますが、自動車と比べて、自転車の方が結果的に厳しい処分となる可能性もあるわけです。

自転車運転者講習

公安委員会から自転車運転者講習の受講を命じられた者は、指定された期日内に、講習受講料(5700円程度)を支払って、3時間の講習を受けなければなりません。講習の内容は、小テストによる交通ルールの理解度のチェック、犯しやすい違反行為の事例紹介や視聴覚教材による危険性の疑似体験、危険行為に関する学習・討議等、受講者の行動特性に応じた教育内容で行われます。

なお、受講命令に従わず自転車運転者講習を受講しない者に対しては、5万円以下の罰金が科せられることになっています。自転車が関係する事故の多くは、自転車を運転する方にルール違反があることが多く、自転車の交通事故を防止するには、自転車運転者に交通ルールを遵守してもらう必要があります。そこで、危険行為を繰り返した自転車運転者に対し、将来危険な運転を繰り返さないように、ルール遵守の必要性や自らの運転行動を気付かせることを目的とした講習を命じる仕組みとして自転車運転者講習制度が導入されたのです。

ちなみに、2015年6月1日から2016年5月31日までの1年間で、制動不良自転車運転、信号無視等の危険行為を反復して行ったとして、24人に対し講習が実施されています。自転車を運転する方は、危険行為に該当する行為によって赤切符を切られた場合、前科がつく可能性があるということも十分に認識して、これを機に、安全な自転車運転を一層心がけて頂きたいと思います。

6

第6章 住宅に関わる諸問題

CASE17
賃貸マンション退去時の補修費用、誰が負担？

【相談】

壁紙の黒ずみ、床の傷、畳の色落ち…。家族４人で10年間住んだ3LDK、70平方メートルの賃貸マンション。引っ越しの当日、家族の歴史が刻まれた“痕跡”の数々を見てさまざまな思いがこみ上げてきました。車の窓越しに、マンションが遠ざかっていく様に、女房ともども思わず涙ぐんでしまったのです。しかし、ノスタルジックな思いに浸っている暇はありませんでした。家主が不動産屋を通じ、「10年前の入居時と同じ状態に回復するためのリフォーム費用を払ってほしい」と通告してきたのです。その額なんと100万円。

「支払い済みの敷金40万円で十分収まるはず。かえっていくらか戻ってくる」と心中ひそかに、期待していました。ところが、戻ってくるどころか、敷金だけでは足りずに、さらに不足分の補修費用を払えと言うわけです。私は、新しく移り住んだマイホームの建築資金で5000万円の住宅ローンを抱える身であり、100万円の負担は大変です。マンションを出て、家を建てることになったのは、そろって傘寿を迎えた両親の面倒をみるためでした。両親の住んでいる都内の実家の土地に２世帯住宅を建てたら、万が一の時にも安心なはず。それに、都内の大学に通っている子供たちの通学にも便利、と考えたのです。以前住んでいたマンションの家賃は20万円。敷金として２ヶ月分の40万円を入居時に支払っています。

ファックスで送られてきた見積書には、リビングのフローリング床の張替え、和室の畳の張替え、すべての部屋の壁紙の張替えなどのリフォーム項目が多数列挙されていました。家主の代理人の不動産屋は、今のままでは新しい人に貸すことができないのだから、自分たちが汚した分はすべて負担するべき、

と言います。ちなみに、私は賃貸借契約の締結時に、敷金からどのような費用が控除されるかなど、まったく説明を受けていません。その点について記載した書面をもらったこともありません。たしかに、このマンションに10年も住んでいましたので、さまざまな補修が必要なのかもしれません。しかし、その費用は賃借人である私が負担しなければならないのでしょうか。むしろ、家主は、私から家賃を毎月受領していたのですから、家主側が負担すべきではないでしょうか。

古くて新しい敷金返還問題

「敷金」に関する問題は、家を賃借する際に常につきまとう問題です。マンションなどを賃貸する場合に、家賃の1〜3ヶ月分程度の敷金が必要となることが多いですが、退去時に敷金がまったく返ってこなかったり、ハウスクリーニング、クロス張替え、畳表替えなどの原状回復費用として敷金以上の金額を請求されたりするトラブルが多く発生しています。国民生活センターには、敷金や原状回復に関するトラブルの相談が、毎年1万4000件前後寄せられているということです。

退去する賃借人は、「借りるときには畳や壁紙もすべて新品に取り替えられていたのだから、自分が出て行く時にはやはり新品にしなければならない」などと思いこみ、不動産業者に言われるまま、敷金が戻ってこないことを受け入れてしまうこともあるようです。また、仮に差し入れた敷金から返金があるはずと思っていても、元々差し入れている敷金はそれほど大きな額ではありませんから、不動産業者に返還の必要などないと開き直られてしまうと、法的手段に訴える手間や費用を考えて、結局泣き寝入りするということもあります。現に、賃借人がいくら不動産業者と交渉してもまったく埒があかなかったのに、弁護士に依頼して内容証明郵便で敷金返還を求めると、意外とあっさり返還に応じるといったケースもよくありました。つまり、一部の不動産業者の中には、敷金を返還するのが原則と理解しながらも、弁護士を立てて強く出てくる人に対しては返還し、そうでない人には返還しないといった姿勢が、時に見受けられたわけです。

最近では、賃借人の側にも「敷金は本来戻ってくるもの」という意識が浸透しつつあり、適正な敷金の返還がなされない場合には、国民生活センターなどのアドバイスを受けてきちんと権利行使をするようになり、不動産業者の多くも、敷金をルールに従ってきちんと返還するようになってきているとは思います。しかし、前述した国民生活センターの相談件数を見る限り、まだ昔ながらの対応をとる業者も少なからずあるようです。

何のために敷金を家主に差し入れるのか？

そもそも家を借りるときに差し入れている「敷金」とは何でしょうか。

この点、CASE22で詳細に説明しますが、2020年4月1日に施行される予定の改正民法においては、「いかなる名目によるかを問わず、賃料債務その他の賃貸借に基づいて生ずる賃借人の賃貸人に対する金銭の給付を目的とする債務を担保する目的で、賃借人が賃貸人に交付する金銭」と定義されています。

また、過去の裁判例で分かりやすく判示されたものとして、神戸地方裁判所尼崎支部・2010年11月12日判決は、次のように述べています。

「敷金とは、一般に、賃貸借契約終了後、目的物の明渡義務履行までに生ずる損害金その他賃貸借契約関係により賃貸人が賃借人に対し取得する一切の債権を担保するものと解される。したがって、目的物明渡しの際、賃貸人は、賃借人に上記債務がないときはその全額を返還し、上記債務があるときはその中から当然弁済に充当した上で残金を返還することになる。」

賃貸借契約は、あくまでも賃借人による賃借物件の使用とその対価としての賃料の支払いを内容とする契約であって、賃借人が賃料以外の金銭の支払いを負担することは、賃貸借契約の基本的内容に含まれないことを前提としています。敷金は、賃借人による賃料の不払いなどがあった場合における備えとして、家主に担保として「預けている金銭」にすぎません。建物明渡しの際に、賃貸人が賃借人に請求すべき債権が何もなければ、基本的には、その「全額」が返還されるのが原則ということです。

原状回復の範囲とは？

そこで、問題となるのが「原状回復」です。通常、賃貸借契約書の中には、賃貸借契約が終了し物件を明渡す場合、賃借人が当該物件を原状回復しなければならない旨の条項が盛り込まれています。建物の賃貸借契約が終了する場合、「当該建物を原状に復して引き渡す」のが基本的な考え方であり、この費用については賃借人の負担となることから、それが適正な金額である限りにおいて、上記のように敷金から差し引くことが可能となるわけです。

しかし、原状回復がどのような状態をいうのかについて必ずしも明らかではなく、賃借人が負担すべき原状回復費用の範囲も不明確な点があります。前述のように、最初に借りた時と同じ状態にすることまで、原状回復の内容となり、賃借人の義務とされるとすれば、その金額は非常に高額となり、敷金だけでは到底まかないきれなくなる可能性がでてきます。相談者のように、敷金は没収され、さらに費用を請求されるという事態にまで至るわけです。そこで、国土交通省は、「原状回復をめぐるトラブルとガイドライン」を公表し、原状回復に関する紛争予防を図っています。同ガイドラインは、2011年8月に改訂されて、より充実した内容となっており、今回の質問については、このガイドラインの考え方を前提として説明したいと思います。

まず、ガイドラインは、冒頭で次のように説明しています。

「建物の価値は、居住の有無にかかわらず、時間の経過により減少するものであること、また、物件が、契約により定められた使用方法に従い、かつ、社会通念上通常の使用方法により使用していればそうなったであろう状態であれば、使用開始当時の状態よりも悪くなっていたとしてもそのまま賃貸人に返還すれば良いとすることが学説・判例等の考え方であることから、原状回復は、賃借人が借りた当時の状態に戻すものではないということを明確にし、原状回復を『賃借人の居住、使用により発生した建物価値の減少のうち、賃借人の故意・過失、善管注意義務違反、その他通常の使用を超えるような使用による損耗・毀損を復旧すること』と定義して、その考え方に沿って基準を策定した。」

つまり、大原則として、いわゆる経年変化、通常の使用による損耗等の修繕費用は、賃料に含まれるものとし、家主は賃借人に対しそれを請求できないし、敷金から差し引くこともできないということです。

家主側は、賃借人の使用に伴って発生した汚れの完全な除去を求めて、その費用を請求してくることがあります。しかし、賃借人側としては上記のように、「原状回復は賃借人が借りた当時の状態に戻すことではない」ことを前提に交渉すべきということです。そして、それを前提として、ガイドラインでは、建物の損耗について、以下の区分をしています。

(1) 建物・設備等の自然な劣化・損耗等（経年変化）

(2) 賃借人の通常の使用により生ずる損耗等（通常損耗）

(3) 賃借人の故意・過失、善管注意義務違反、その他通常の使用を超えるような使用による損耗等

経年変化・通常損耗＝家主負担、それ以外＝賃借人負担が原則

発生した建物価値の減少が、(1) や (2) に該当する場合に、その減少分を復旧する費用は、賃貸人が賃料の中に組み込んで受領していると考え、賃借人が負担するものではないとされます。建物の賃貸借において、賃借人が社会通念上通常の使用をした場合に生ずる賃借物件の劣化、又は価値の減少を意味する通常損耗に関わる投下資本の減価の回収は、通常、減価償却費や修繕費等の必要経費分を賃料の中に含ませて、その支払いを受けることにより行われていると考えられるわけです。

それに対し、(3) については、賃借人の行為等によって特に損耗してしまった箇所を、居住年数も加味したうえで、通常損耗する程度に復旧する費用は賃借人が負担するということになります。ただここで注意すべきは、(3) に該当する損耗であっても、原状回復費用として賃借人が負担するのは、経年変化や通常損耗分の復旧費用分は除くということです。少し分かりにくいですが、100の価値のある建物に3年住んだ場合に、経年変化や通常損耗の結果、建物価値が70になるとします。そして、賃借人の行為が付加されて、この価値が50に減少したとすると、(3) に区分されて、50から70に復旧する費用は賃借人が負担するということです。決して、50から100まで復旧する費用全部を賃借人が負担するわけではありません。

なお、賃借人が通常の使い方をしていても発生するものであっても、その後の手入れなど賃借人の管理が悪く、損耗が発生・拡大したと考えられるものは、損耗の拡大について、賃借人に善管注意義務違反があると考えられます。その増加分の原状回復費用については賃借人が負担するとされていますので注意が必要です。たとえば、クーラーから水漏れしたが、賃借人が放置したため、壁が腐食した場合、腐食した壁を補修する費用は賃借人が負担するといった場合がこれに該当します。また、

室内でタバコを吸ったことで、ヤニによる変色や臭いがついた場合等も賃借人が修繕責任を負うことになります。

そして、この原状回復義務の問題については、改正民法において、上記考え方が条文に明記されています（詳しくはCASE22をご参照ください）。

本件相談の場合

相談者の場合、10年以上居住しているということで、(1) の経年変化や (2) の通常損耗に区分されるものが少なくないと思われます。たとえば、見積書に列挙された、リビングのフローリング床の張替え、和室の畳の張替え、全部屋の壁紙の張替えといったリフォーム項目は、通常いずれも、賃借人が通常の使い方をしていても発生すると考えられるものです。これらは賃貸借契約の性質上、賃貸借契約期間中の賃料でカバーされてきたはずのものと言えます。したがって、賃借人はこれらを修繕するなどの義務を負わず、この場合の費用は、賃貸人が負担することになります。

ガイドラインでは、「家具の設置による床、カーペットのへこみ、設置跡」について、「家具保有数が多いという我が国の実状に鑑みその設置は必然的なものであり、設置したことだけによるへこみ、跡は通常の使用による損耗ととらえるのが妥当と考えられる。」とコメントされていますし、同様に「日照による畳の変色、フローリングの色落ち」についても、「日照は通常の生活で避けられないものであり賃借人には責任はないと考えられる。」とされています。さらに、部屋の壁紙の張替えについては、「テレビ、冷蔵庫等の後部壁面の黒ずみ（いわゆる電気ヤケ）」「壁に貼ったポスターや絵画の跡」「エアコン（賃借人所有）設置による壁のビス穴、跡」「クロスの変色（日照などの自然現象によるもの）」「壁等の画鋲、ピン等の穴（下地ボードの張替えは不要な程度のもの）」などもすべて、賃借人が通常の住まい方、使い方をしていても発生すると考えられるものに分類されています。

そこで、相談者としては、原状回復として、どのような補修工事等を行ったのかについて、原状回復費用の負担を求める書面に添付されている明細でのチェックが必要です。そして、ガイドラインと照らし合わせて、賃借人が負担すべきではないと考えられている項目が含まれていないかを十分に確認すべきです。その上で、賃貸人が負担すべき項目については、賃貸人や不動産業者などに通知して交渉をすることになります。

実際の交渉にあたっては、弁護士などの専門家に助力を求めることがよいのですが、費用といった点で難しい場合も考えられます。その場合、①国民生活センター、消費生活センターなど常設の紛争調整機関の利用、②裁判所での民事調停の申し立て、③自分で少額訴訟手続（60万円以下の金銭の支払いを求める場合に限り利用でき、1回の期日で審理を終えて判決することを原則とする特別な訴訟手続）を利用して訴訟提起する、などが対応策として考えられます。

7

第7章 相続や自分の死に関わる諸問題

◉

CASE18
遺言書がないと、残された妻は兄弟に財産を奪われる？

【相談】

「イヤな兄弟だから、無理して付き合わなくていいよ」と、結婚式のときに妻につぶやいてから、はや30年がたちました。以来、２人の兄とは一度も会っていません。弟も18歳のときに実家を飛び出したきり、行方が分かりません。もはや彼らは「他人」です。私の人生と交わることはない、と思っていました。ところが、遺言状を作っておかないと、私が死んだ後、彼らに妻が苦しめられると聞いたのです…。

58歳の私は、定年まで残すところあと２年。５歳年下の妻と２人で暮らしています。子供はいません。彼女とはこの年になっても恋人同士のような関係で、今の生活に満足しています。定年後は、会社と再雇用契約を結べば65歳までは働けます。でも、家のローンは完済していますし、わずかな金のために後輩に頭を下げるのも嫌なので、すっぱり辞めるつもりです。妻との海外旅行を、今から心待ちにしているのです。幸い、老後もなんとか暮らしていけるだけの資産があります。長年暮らしてきた私名義の家と多少の預貯金に加え、２年後には数千万円の退職金が入ってきます。もし私が死んだとしても、この家と年金さえあれば、妻は苦労しないはずです。新聞で、相続をめぐる子供同士の骨肉の争いの果てに、裁判になったり、ひどい場合は刃傷沙汰になったりする例や事件をたまに目にします。私たちには子供がいないので、そういう事件とはまったく無関係でしょうから、遺言書などは特に作っていません。ただ、ちょっと気になることがあります。兄弟のことです。

両親は既に他界し、私には２人の兄と弟が１人います。兄２人とは折り合いが悪く、幼いころから兄弟喧嘩ばかりしてきました。成人になってからは、行

き来がほとんどありません。妻は、兄たちとは結婚式の時に初めて会ったきりです。弟は、中学生のころから授業に出ずに盛り場に入り浸り、髪を染めシンナー遊びを繰り返していました。何度も補導されています。中学を卒業してから、勘当同然で家を出て以来、音信不通になっています。兄弟の誰も、弟がどこで何をしているかを知りません。生死さえも不明なのです。妻には兄弟と無理して付き合ってもらいたくはありません。付き合いがなくても特段、困ることもないのです。妻も私の気持ちを知ってか、兄弟のことを話題にしません。

さて、先日、親しい友人と飲んだときに、これまで触れてこなかった兄弟の話をしたところ、「そりゃ大変だ。子供がいない夫婦の場合はきちんと遺言書を作成しておくべきだよ。」と助言されました。特に兄弟と折り合いが悪く、しかも１人は行方不明というのなら、絶対に遺言書を作成すべき、と言うのです。それを怠ると「残された奥さんが大変なことになるのは目に見えているじゃないか。」と厳しく忠告されました。

子供がおらず、財産を相続するのは妻だけなのに、なぜ大変なことになるのでしょうか。

子供がいないことによるリスク

共働きで子供を意識的につくらない、持たない夫婦の生き方が注目を浴び、DINKS（Double Income No Kids）と呼ばれたのはもう随分前のことです。今はそういった生活スタイルは当たり前すぎて、この言葉自体が死語になりつつあるようです。相談者の場合、奥さんが働いているかどうか分かりませんが、子供を作らず、夫婦がいつまでも恋人同士のような関係であり続けたいという人生観は既に一般的になっていると思います。今や子供に老後の面倒を見てもらうような時代ではなくなりつつあり、相談者が指摘するように、子供がいるが故に、自分が死んだ後に、妻と子供との間や、子供同士で、相続問題が発生し家が崩壊するといった悲劇を引き起こすかもしれないと考え始めたら、子供を持つということが、かえってリスクとして認識されつつあるのかもしれません。

さて、相談者は、新聞などで相続をめぐる骨肉の争いの果てに裁判になったり、ひどい場合は刃傷沙汰になったりする事件を見聞きした上で、自分に子供がおらず、財産すべてを奥さんが相続するから何も問題はないと考えているようです。しかし、それは誤った認識であり、そのまま何もしないで放置すると、奥さんは、友人が指摘するように、大変な苦労を強いられることになる可能性があります。意外かもしれませんが、子供がいない夫婦の場合には、遺言書で、配偶者である妻や夫に対してすべての財産を渡す旨を定めておかないと、思わぬ相続争いが発生する可能性があるのです。子供がいなければ、配偶者にすべての相続財産がいくのは当たり前で、手間をかけて遺言書など作る必要などないじゃないか、と思う方もいるかもしれませんが、実は、被相続人（相談者のことです）に子供がいない場合には、民法の規定上、遺産を相続できる立場にあるのは、奥さんだけではないのです。

配偶者の兄弟姉妹が財産を相続する！

遺言書がない場合、法律で定められた遺産を相続できる人（法定相続人）が遺産を取得することになります。子供がいる夫婦の場合、法定相続人は、被相続人の配偶者と子供になります。したがって、配偶者と子供がいる場合には、その他の親族は、遺産を相続できる立場にはありません。仮に、配偶者が既に亡くなっているなどの理由で存在していない場合であっても、子供がいる場合には、相続人は子供のみとなります。また、子供が先に亡くなっているような場合でも、孫がいれば、孫が相続人になります。これを、子供の相続人としての地位を、孫が代襲するという意味で、代襲相続といいます。つまり、子供や孫などがいる場合には、その者が相続人になるということになります。しかし、今回の相談者のように、配偶者だけしかいないという場合には、単純にその配偶者だけが法定相続人になるわけではありません。この場合には、法定相続人は、配偶者と被相続人の直系尊属（相談者の両親）となり、仮に直系尊属がいない場合は、配偶者と被相続人の兄弟姉妹とされているのです（民法889条1項1号、2号）。

そして、民法は、法定相続人それぞれについて法定相続分（各相続人が取得すべき相続財産の総額に対する割合）も規定しています。相続人が配偶者と子供の場合は、配偶者が2分の1、子供が2分の1、子供が数人いる場合は、その相続分である2分の1をさらに均等に分けることになります。たとえば、子供が2人の場合は、それぞれが4分の1（2分の1のさらに2分の1）となります。そして、子供がいない場合で直系尊属がいる場合は、配偶者が3分の2で、直系尊属が3分の1、子供も直系尊属もいない場合で兄弟姉妹がいる場合は、配偶者が4分の3で、兄弟姉妹が4分の1とされています。

つまり、今回のケースで、相談者が遺言書を作成しないまま死亡してしまうと、子供がおらず両親が既に亡くなっていることから、奥さんだけではなく兄弟姉妹も法定相続人ということになり、奥さんが4分の3、3人の兄弟が12分の1（4分の1を3人で分けるから）ずつ、法定相続分を有することになってしまいます。また、行方不明の弟がいるとのことですが、仮にその人が既に死亡していて子供がいるとした場合、その子供たちも相続人となってきます（先ほど出てきた代襲相続です）。たとえば弟に子供が3人いて死亡していたと仮定すると、12分の1をさらに3分の1ずつ分けて、弟の子供1人ずつに36分の1の持ち分が相続されます。

相談者の財産は、不動産（家）と預貯金（退職金等）が想定されるということですが、それらにつき、すべて12分の1ずつ、相談者の3人の兄弟が相続するということになり、弟が死亡しているような場合には、もっと細かい持ち分を持つ相続人すら現れる可能性があるわけです。

図18-1 父母が死亡、弟が死亡し子供が3人いる場合における相続財産の行方

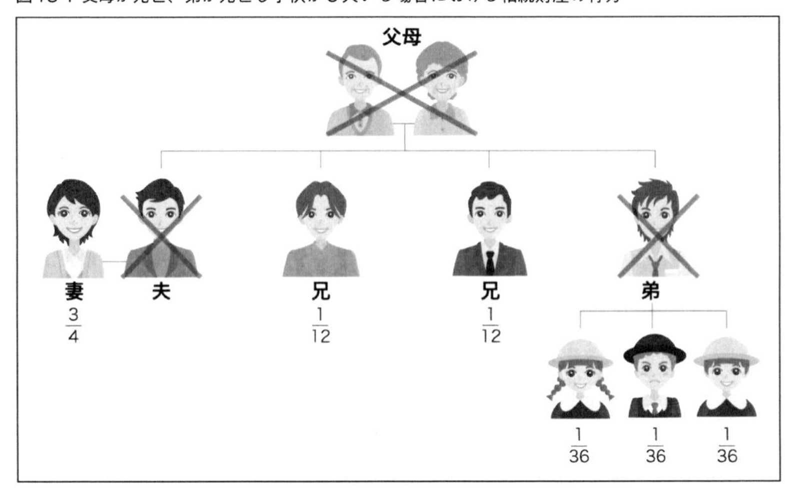

遺された奥さんはどうなるのか

このようなケースの場合、通常は、相談者が亡くなった後に、その兄弟が遺された奥さんに対して強く権利主張することなどなく、相続放棄をするなり、すべての財産を残された奥さんが取得する旨の遺産分割協議書に合意するなりして円満に解決されます。兄弟にしてみれば、その亡くなった兄弟に子供さえいれば相続権はなく遺産をまったく取得できなかったわけであり、遺族に対して自分の相続分をよこせと権利主張するのは、世間体からいっても、はばかられるということなのだと思います。ただ、相談者は、3人の兄弟のうち2人の兄と折り合いが悪く、弟に至ってはほぼ絶縁状態とのことですから、そのような解決は期待できそうにありません。自分の兄弟の奥さんといっても、日ごろから親戚としての親しい交流がなければ、血のつながりのない他人と何も変わりませんから、もらえるものはすべてもらっておこうという気持ちを持つ人が出てくることはよくある話です。私も、弁護士としての駆け出し時代に、そうした事件を取り扱ったことがありますが、夫を亡くして間もない妻

に対し法律通りの権利を主張してくる人がいるという現実を目の当たりにして、人間の欲深さを思い知らされました。

つまり、相談者の場合、何も対策を講じないで亡くなった場合には、遺された奥さんが相続を巡って、兄弟と揉める可能性があるということです。仮に、兄弟が奥さんに対し、徹底的に法律上の権利を行使することになった場合、奥さんとしては、預貯金の4分の1相当額を兄弟に支払わなければならないばかりか、住んでいる建物の4分の1の共有持分を取得されることになってしまいます。もちろん、兄弟の方は、自分が住めない家の共有持分など取得しても意味がありませんから、通常はその持分に相当する現金の支払いを求めてくるでしょう。たとえば、その家の実勢価格が4000万円と仮定すれば、その4分の1の1000万円を、奥さんは用意して兄弟に対して支払わなければなりません。そうなると、場合によっては、不動産を売却、換価しなければならない事態に追い込まれる可能性も想定されます。つまり、遺された奥さんは住む家すら失うことになりかねないわけです。

この場合、奥さんにしてみれば、自分が長年居住し、たくさんの思い出もある、住み慣れた家を最優先で確保しようと考え、たとえば、兄弟が、相談者名義の預貯金といった現金を相続し、奥さんが家を相続するというような内容の話し合い（遺産分割協議）を進めることもできますが、そこでさらに問題となってくるのは、行方不明の弟の存在です。相談者の弟は勘当同然で家を出て以来、音信不通で、他の兄弟も、弟がどこで何をしているかを知らないということであり、いくら調べても連絡が取れないことも想定されます。法定相続人の一人が遺産分割の協議に参加できないということになれば、仮に他の兄弟との間で合意できても、奥さんに不動産を相続させるという協議が成立せず、不動産の登記をいつまでもできない事態も考えられます。遺産分割協議ができないばかりでなく、弟による相続放棄も考えられませんから、相続財産の処理がまったく進まなくなるような事態すらも想定されるわけです。

遺言書さえ作成しておけば何の問題もない

このように、子供がいない場合、兄弟が法定相続人となってしまうことから、遺された奥さんは様々な困難に直面することになり、最悪の場合、住む家すら失うことになりかねません。これは、相談者にとって、まったく想定外の事態かと思われます。そのようなことが生じないように、友人の指摘するよう、遺言書を作成しておかなければならないわけです。本件では、相談者が、奥さんに全財産を相続させる旨の遺言書さえきちんと作成しておけば、兄弟には何の対抗手段もありません。兄弟には「遺留分」が認められていないからです。

遺留分とは、簡単に言えば、遺産の最低限の取り分として、遺産の一定割合の取得を法が保障したものであり、それに反する内容の遺言書が仮にあっても、法定相続人は、その最低限の財産を取得できるようになっています。つまり、財産を遺す人は、遺言によってその財産を自由に処分できる一方で、残された相続人の生活保障や、遺産形成に貢献した遺族の潜在的持分の清算といった観点から、法律は一部制限を課しているわけです。

たとえば相談内容とは異なり、相談者が奥さんとうまくいっていないと仮定し、遺言によって、自分の財産を奥さんにではなく愛人にすべて渡そうとしても、奥さんは遺留分として財産の4分の1（法定相続分の2分の1）を取得する権利があり、それまで遺言書で奪うことはできないわけです。それに対して、兄弟には遺留分がありません。つまり、兄弟は法定相続人ではありますが、遺言書によって相続に関する権利をすべて奪うことが可能なわけであり、この点が、実は、本件のような事案におけるポイントになるわけです。したがって、相談者が、相続財産のすべてを奥さんに相続させるという内容の遺言書さえ作成しておけば、兄弟3人には遺留分がありませんから、遺された奥さんに対して、何らの権利主張もできなくなるということです。

相談者が、将来、遺産をめぐる兄弟との紛争に奥さんが巻き込まれることを回避したいのであれば、必ず、遺言書を作成しておくべきということになります。なお、相談者のように、兄弟と特殊な関係にある場合ばかりではなく、遺された奥さんと兄弟との間が円満な関係にある場合であっても遺言書を作成しておくべきです。いかに円満な関係とはいえ、亡くなった夫の兄弟に対し相続放棄を求めたり、遺産分割協議書のサインを求めたりすることは手間ですし、通常は気の重い作業です。遺言書さえあれば、そういった作業を一切することなく、遺言書だけで遺産の処理を終えることが可能となります。

遺言書を作るなら必ず公正証書遺言を

ちなみに、遺言書には、作成者が遺言書の内容全文、日付、氏名を自署し押印した「自筆証書遺言」という方式もありますが、本件のようなケースでは、公証役場で公証人に依頼して作成してもらう「公正証書遺言」を作成するべきです。自筆の遺言書の場合には、第三者が、遺言者の筆跡をまねて作成することも可能ですから、遺言書の内容に対し不満を持つ者は、誰かが勝手に遺言者の筆跡をまねて作成したものだと主張することが可能となります。そうなると、本件のように、相談者と兄弟とが不仲であり、しかも非行に走りどこで何をしているか分からない弟がいるような場合、その兄弟が、遺言書は「偽造で無効だ」などと主張し、自分の相続分を主張して争ってくることも考えられます。それに対し、公証人が作成した公正証書遺言の場合には、よほどのことがない限り無効となることはなく、兄弟がその無効を主張して争うことは困難です。

以前、赤色の斜線が引かれた遺言書の効力につき争われた最高裁判所判決（2015年11月20日）が出て、新聞にも大きく取り上げられ話題になりました。報道によると、原告の女性の父親は、生前、自宅や経営していた病院の土地・建物や預金など、財産の大半を長男に相続させるとする自筆の遺言書を作成しており、父親の死後、その遺言書が病院の金庫から見つかりましたが、遺言書は用紙1枚で、自筆遺言証書の要件は充足していたものの、文面の左上から右下にかけて赤色のボールペンで斜線が引かれていたことから、原告の女性が、遺言書は破棄されたものであるから無効だと主張し裁判を提起したものです。最高裁判所は、遺言書を有効とした、原審広島高等裁判所の判決を破棄して、当該遺言書を無効とする判決を言い渡しました。このケースを見ても分かるように、自筆証書遺言だと色々と争う余地があり、確実に自分の意思を相続に反映させられるかどうか分からないということです。

ちなみに、公証役場で公正証書遺言を作成するとなると、多大な費用がかかるのではないかと心配されるかもしれませんが、仮に相談者の相続財産が全体で1億円程度と仮定しても、実費も入れて5万円程度でおさまります（詳しくは公証役場にお問い合わせください）。その程度の金額で、愛する奥さんが、ほとんど会ったこともないような兄弟たちと、相続を巡って醜い争いを繰り広げなくて済むなら安いものだと思います。

特に遺言書を作成しておいた方がよいと考えられるケース

最後に、不要な争いを避けるために、遺言書を作成しておいた方がよいと考えられるケースを挙げておきたいと思います。一般的には、既に説明した「夫婦間に子供がない場合」以外にも、次のようなケースが挙げられると思われます。

(1) 法定相続人以外の人に遺産を与えたい場合

(2) 先妻の子供と後妻がいる場合

(3) 事業を特定の法定相続人に承継させたい場合

(4) 相続人がいない場合

法定相続人以外の人に遺産を与えたい場合

たとえば、内縁の配偶者がいる場合などが典型的なケースです。最近では、夫婦同姓制度に反対するなどの理由で、婚姻届を提出しない実質婚を選択する夫婦も多いようです。しかし、夫婦として長年連れ添っていても、婚姻届を提出していない場合、法律的には内縁の夫婦関係となって、夫が死亡した場合でも相続権はありません。そこで、パートナーに遺産を与えたい場合には、必ず遺言書を作成しておかなければなりません。また、子供の配偶者などに遺産を与えたい場合も考えられます。子供である長男が死亡した後も、長男の妻が、長男の親の老後の世話をしているような場合も多いと思います。この場合、長男の妻は、夫である長男の親の法定相続人ではありませんから、遺言書がないと、長男の妻に遺産を与えることはできません。感謝の気持ちなどから遺産を与えたいという場合には、遺言書を作成しておかなければなりません。

さらに、配偶者の連れ子と養子縁組していない場合も同様です。配偶者に連れ子がいる場合、配偶者と結婚しただけでは、その連れ子とは親子になるわけではなく、親子となるには養子縁組をする必要があります。養子縁組をしていない場合、配偶者の連れ子は法定相続人にはなりませんので、その子に対して遺産を与えたい場合には、遺言書を作成しておかなければなりません。ほかにも、介護でお世話になった介護福祉士にお礼のために遺産の一部を与えたいと思った場合や、慈善団体に遺産を寄付したいと思った場合などのように、法定相続人以外の第三者には、遺言書がなければ、遺産を与えることはできません。

先妻の子供と後妻がいる場合

離婚した場合、離婚した元配偶者は法定相続人ではなくなりますが、元配偶者との間の子供は法定相続人であることに変わりません。たとえば、再婚して後妻がいる場合、先妻の子供と後妻との間では遺産争いが起きる可能性が高く（特に後妻と不倫の末に再婚したような場合などに顕著です）、遺産分割協議でもめることを防ぐためには、遺言書を作成しておく必要性があります。

事業を特定の法定相続人に承継させたい場合

たとえば、株式会社のオーナー社長が長男を後継者としたい場合でも、遺言書がないと、所有する株式、営業所や工場等の事業用資産など（オーナーの所有物である場合）が複数の相続人に分割されてしまい、会社の運営に支障を来たしたり、最悪の場合には廃業に追い込まれたりする事態も考えられます。このような事態を避けるためには、特定の者に事業を承継させるための策を講じた内容の遺言書を作成しておくことが必要になります。

相続人がいない場合

相続人がまったくいない場合、特別な事情がない限り、遺産は国庫に帰属することになってしまいます。財産が国に渡ってしまうくらいなら、お世話になった方にお礼をしたいとか、慈善団体などに寄付して遺産を有意義に使ってもらいたいと思うのは極めて自然です。そうした場合、その旨の遺言書を作成しておくことが必要になります。

また、近時、生涯未婚率の増加に伴い、独身のままで相続を迎える「おひとりさま相続」が話題となっています。そうした人にも、たとえば兄弟がいれば、前述のように、その兄弟やその子供（おい、めい）などが財産を相続することになります。この場合、国庫に帰属するよりはよいかもしれませんが、そうした親戚と疎遠にしているような場合には、同様に、自分の希望する先に財産を遺すために遺言書を作成しておくということも考えられます。

CASE19
「全財産を兄に」と亡父が遺言、弟は１円も相続できない？

【相談】

「大事な話があるんだ」。父の葬式が無事済んだ数日後、兄から呼ばれました。「何事だろう」と兄の会社に行ったところ、同席した会社の顧問弁護士から、父が遺言書を残していることを知らされました。

「これは公正証書遺言という正式の書類です」。弁護士は宣告するような口調で私に説明するのでした。

中身をみせてもらったところ、父の遺産のすべてを兄に渡すという内容でした。

「兄貴よぅ、１円も相続できないなんて、こんなふざけた話あるかい。絶対納得できないよ」。私は兄に食ってかかりました。

「親父の遺言書は正式なものだ。仕方ないことなんだよ。財産分けで親父が苦労して作った会社を傾けるわけにはいかない。おまえには納得してもらうしかないんだ。」

兄はまったく動揺したそぶりも見せず、冷たく言い放ちました。部屋には父の遺影が飾ってありました。にこやかに微笑んでいる父の顔が一瞬、般若の形相に変わったように見えました。

「血を分けた兄弟にこんな仕打ちをするなんて、俺は絶対に許せない。訴えてやるからな」。私は捨て台詞を残し、会社を飛び出しました。

私の父は、若いころに裸一貫で会社を立ち上げ、小さいながらも、業界ではそれなりに名前の知れた会社にまで成長させました。父は仕事一筋で、私は小さいころから、土曜・日曜になると、会社の工場の一角で遊んでいたのを覚えています。兄は大学を卒業した後、他の会社に就職しましたが、何年かして退

職し、父の会社に入りました。父が会長、兄が社長として、実質的な仕事はすべて兄が取り仕切る形になり、会社の業績はそれなりに順調でした。仕事しか頭にない私の父を支え続けてきた母は、5年前に亡くなり、それを機に兄夫婦が実家に同居するようになり父の面倒を見てきました。そんな父も、母を亡くしたことをきっかけにだんだん弱ってきて、今年の春に亡くなりました。

私はというと、仕事一筋の父とは折り合いが悪く、社会に出てからは、ほとんど実家には行くことはありませんでした。アルバイト収入や、母が父に内緒でこっそりと送ってくれる仕送りなどで、勝手気ままに暮らしてきました。母が亡くなった後は、兄が援助してくれました。「兄は俺のことを気にかけてくれている」と信じていただけに、今回の兄の仕打ちは許せません。好き勝手に暮らしてきた私と違い、父の会社をちゃんと継いで、また父が弱った後の面倒を見てくれた兄が多くの財産を承継するのは理解できます。でも、自分の取り分がまったくないというのが納得できないのです。ネットで調べたら、遺留分というものがあり、「相続人は最低限の取り分を確保できる」とありました。どのようにすればよいか教えていただけますか。

遺産を誰に渡そうと本来自由

遺言とは、自分が生涯をかけて築いてきた、あるいは先祖から引き継いできた大切な財産（遺産）に関わる遺言者の意思表示であり、その最も重要な機能は、遺産の処分に関し、「遺言者の意思」を反映させることにあります。つまり、遺言のある場合は、遺言に書かれている遺言者の意思に基づいて、遺産が分配されることになります。本件のように、家業である会社を承継し親の面倒を見てくれていた子供（相談者の兄）と、ほとんど実家に行くことはなく気ままに暮らしてきた子供（相談者）がいる場合、親が前者に財産をすべて渡す旨の遺言書を残すことは、相談者には申し訳ありませんが、人間の感情として理解でき、そうした感情（意思）を遺産の分配にきちんと反映させることこそが、まさに遺言書の重要な機能となるわけです。つまり、遺言者は、遺言によって、自己の財産を自由に処分できるのが原則であり、家族に対して1円も与えず、生前に応援してきた福祉団体に寄付したり、それこそ赤の他人にすべての財産を与えるのも自由です。同様に、本件のように、2人の子供のうち兄にだけ財産をすべて与え、弟には1円も渡さないのも本来自由ということです。

他方、仮に遺言を残さないで亡くなった場合には、遺言者が生前有していた意思に関わりなく、あらかじめ遺産の分配について規定している民法に従って形式的に相続が行われることになります。つまり、本件の場合、お母さんが既に亡くなっていますので、本来は、兄と弟で2分の1ずつ遺産を取得する事になります。ちなみに、たとえ常日ごろ、自分の親から、死亡後の財産の処分方法について詳細な説明がなされていたとしても、それがきちんと遺言書の形になっていない限り、民法の規定によって具体的な事情など基本的に無視され、法律に定められた割合に従って、形式的に遺産の分配が決定されてしまうことになります。相続で争いになると、必ずといってよいほど、「父はこの家を私にくれるといつも言っていた」などと主張する人が出てきますが、それがきちんと遺言書の形で文書として残されていなければ、法的に意味はありません。仮に、父親が本当にそのように考えていてそれを実現したいのなら、その意思を記した、遺言書を残しておかなければならないということです。

遺留分制度はなぜ存在？

遺留分は、相続にまつわる紛争について説明する際に必ず出て来る概念です。本書のCASE18でも取りあげたように、この制度は、遺産の最低限度の取り分として遺産の一定割合の取得を法が保障したものであり、それに反する内容の遺言書があっても、法定相続人はその最低限の財産を取得できるようになっているものです。前記のように、遺言者は、遺言によって、自己の財産を自由に処分することができるのが原則ですが、相続という制度は、遺族の生活保障や遺産形成に貢献した遺族の潜在的持ち分の清算等の機能も有していると考えられています。そのため、民法は、「遺留分制度」という、被相続人が有していた相続財産について、その「一定の割合」の承継を、一定の法定相続人に対して保障する制度を設けて、「遺言者の遺産処分の自由」と「相続人の保護」という、相反する要請の調整を図っているわけです。

確かに、赤の他人に対し財産をすべて渡すといった遺言がなされ、それがそのまま実行されれば、残された家族はたまったものではありません。長年連れ添ってきた奥さんがいるにも関わらず、「財産はすべて愛人に渡す」といった遺言がなされ、その通りになるとすれば、奥さんはその後の生活に困ってしまいます。奥さんの生活がある程度保証される必要があることはもちろんですし、そもそも奥さんの貢献があったからこそ、夫は一定の財産を形成できたとも評価できるのであって、その貢献分を奥さんが確保するのは当然とも言えます。この点について異論を述べる人はおそらくあまりいないでしょう。

ただ、他方で、たとえば、長年の間、肉体的もしくは精神的に親に虐待を加えてきた子供に対して1円も渡したくないという場合などを想定すると、状況が変わってきます。相続に関連したネット上のブログなどを見てみると、それは当然の感情であって責められる方が間違いとして、遺言書に優先する遺留分の制度に疑問を呈する意見なども見られます。ちなみに、このような場合に備えて、「廃除」という法律上の制度が存在します（民法892条）。ここでは詳しく説明するのを控えますが、廃除が認められるためには、客観的かつ社会通念に照らし、推定相続人の遺留分を否定することが正当であると判断される程度に重大な事由（被相続人に対する虐待、重大な侮辱、その他の著しい非行など）がなければならないとされており、簡単に利用できる制度ではありません。

さて、以上のような制度状況を前提として、実際の裁判などを見てみると、遺留分が問題となるのは、本相談のように複数の子供がいる場合に、遺言書で不均衡な遺産の配分が指示された場合が多いのが現実です。

遺留分の具体的内容

民法で遺留分が認められているのは、被相続人の配偶者、子、直系尊属とされており、子の代襲相続人も、被代襲者である子と同じ遺留分を持つこととされていますが、CASE18で説明したように、兄弟姉妹には遺留分は認められていません。ちなみに、直系尊属（父母や祖父母など）が相続人となる場合には遺留分が存在しますので、子供のいない夫婦の場合で、配偶者にすべての財産を渡すと書かれた遺言書があった場合でも、その父母は、遺留分を主張することができることになります。

本件において、相談者は、被相続人（父親）の子供に該当しますので、当然に遺留分が認められます。そして、遺留分は、遺産全体に対する割合として規定されており、子供の場合は、通常の相続分の2分の1が遺留分となり、相談者とお兄さんの2人が相続人であることから、相談者の遺留分は、さらに法定相続分の2分の1を乗じることとなり、遺産全体の4分の1となります。したがって、相談者は、お兄さんに対して、後述する遺留分減殺請求権を行使して、遺産全体の4分の1の権利を主張することができます。

明確な権利行使が必要

民法では、遺留分を侵害する行為が当然に無効とされるのではなく、遺留分を侵害された法定相続人に対して、「遺留分減殺請求権」を行使する必要があります。つまり、相続人は、遺留分減殺請求権を行使しないこともできますし、遺留分を放棄することもできます。裁判所も、「民法は、被相続人の財産処分の自由を尊重して、遺留分を侵害する遺言について、いったんその意思どおりの効果を生じさせるものとした上、これを覆して侵害された遺留分を回復するかどうかを、専ら遺留分権利者の自律的決定にゆだねたものということができる。」（最高裁判所・2001年11月22日判決）と判示しています。したがって、遺留分を侵害する遺言書が作成されていても、相続人が正式に遺留分減殺請求をしない限り、遺言書どおりに遺産が分配されることになります。つまり、相談者は、父親の遺産をすべてお兄さんが相続することに異議があるのであれば、遺留分減殺請求権を必ず行使しなければなりません。

なお、遺留分減殺請求権は、必ずしも訴えの方法によることを要せず、相手方に対する意思表示によって行えば足ります。ただ、この意思表示はいつまでもできるわけではなく、相続開始（及び減殺すべき贈与又は遺贈のあったこと）を知ったときから1年、または相続開始の時から10年を経過したときには行う事ができなくなります。また、口頭で遺留分減殺請求権を行使したと幾ら主張しても、相手方がそんなことは聞いていないと反論した場合には、権利行使の有無自体が紛争となってしまい、「言った、言わない」という争いになれば、通常は、なぜそんな重要なことを口頭でのみ行って書面に残さなかったのかということになり、口頭での権利行使が認められない結果に終わることが多いので、そのような不毛な争いを避けるためにも、必ず証拠に残る形で、つまり通常は「配達証明付内容証明郵便」によって行われることになります。

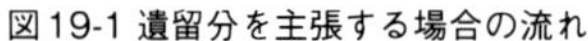
図19-1 遺留分を主張する場合の流れ

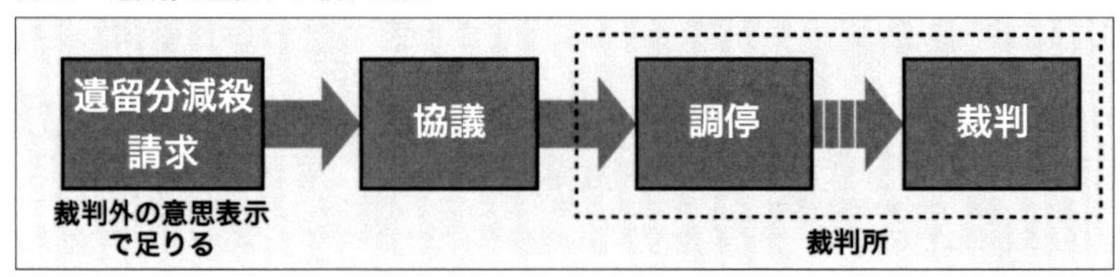

具体的な遺留分の算定

遺留分算定の基礎となる財産額は、相続開始時に被相続人が有した財産の価額に、被相続人が贈与した財産の価額を加え、その中から債務の全額を控除して算定されます。被相続人が贈与した財産の価額を加算するのは、加算しないと、被相続人が死亡する直前に所有していた多額の財産を他人に贈与していたような場合に、遺留分制度の目的が達成できなくなるからです。

加算される贈与は、(1) 相続開始前の1年間にされた贈与、(2) 遺留分減殺請求権を有する者に損害を加えることを知ってした贈与、(3) 不相当な対価でなされた贈与、などに限定されています。本件の場合にも、このような贈与が、被相続人である父親からお兄さんに対して既になされていた場合には、遺留分算定の基礎となる財産額に加算されることとなります。

いずれにしても、相談者は、お兄さんに対して遺留分減殺請求権を行使すれば、全体の相続財産の4分の1を取得することができることになります。この算定方法は、複雑で難しい話になりますので、この程度にとどめておきたいと思います。

お兄さんの功労分は？

さて、本件の場合、相談者も認めているとおり、お兄さんが父親の会社を手伝い、また、同居して父親の面倒を見てきたという事実があります。そして、遺産分割にあたっては、共同相続人のうち被相続人の財産の維持または増加について特別に寄与した者には、法定相続分の他に「寄与分」が認められ、他の共同相続人よりも多く遺産分割を受けられます。相続人である複数の子供のうち1人が親と同居して長年介護してきたとか、親の家業を手伝ってきたというような場合が典型例です。ただ、単に同居して親の面倒を見てきたという程度では、寄与分はなかなか認められないのが実情です。まさに、「特別に」寄与したことが必要なわけです。たとえば、大阪家庭裁判所堺支部・2006年3月22日審判では、「相手方Aは、…被相続人の入院時の世話をし、また、通院の付き添いをしていたものであるが、これは同居している親族の相互扶助の範囲を超えるものであるとはいえない上、これによって、被相続人が特別にその財産の減少を免れたことを認めるに足りる資料は見当たらない。そうすると、これをもって、相手方Aに被相続人の財産の維持につき特別の寄与があったとみることはできない。」などと判示しています。

本件の場合、父親の面倒を見てきたという事実以外に、父親の会社を手伝ったという事実があり、上記の判示にもある「被相続人が特別にその財産の減少を免れたこと」という事情が認められる可能性が高いと思われます。現に、寄与分を認められる例としては、親の家業を手伝ったという事実が多いのです。

では、この寄与分は、遺留分とどのような関係にあるのでしょうか。つまり、前述のように、遺留分算定の基礎となる財産額は、相続開始時に被相続人が有した財産の価額に、被相続人が贈与した財産の価額を加えて算定されるわけですが、上記のような寄与分を控除する必要はないのかという疑問です。この点の帰趨により、本件の場合、お兄さんが、自らの寄与分を主張してきた場合に、相談者の遺留分に影響が出る可能性があるわけです。この点、やや難しい話ですが、裁判例では、遺留分減殺請求訴訟において、寄与者は、寄与の事実を抗弁として主張して減殺額の減少を主張することはできないとされています。つまり、相談者が、お兄さんに遺留分減殺請求権を行使した場合、お兄さんが寄与分を主張したとしても、相談者の遺留分には影響はないことになります。これは一見不合理なようにも見えますが、法理論は別として、実質的に見ると、特別の寄与をしたからこそ、お兄さんは父親から多くの財産を受け取ることになったとも考えられるので問題はないなどとも言われています。

お兄さんとよく相談して解決を

さて、以上説明してきたように、相談者としては、遺留分減殺請求権を行使することにより、全体の遺産の4分の1を取得することができるわけですが、権利行使したからといって、直ちに遺産の一部を手に入れられるわけではありません。相続財産がすべて現金なら、その4分の1を算定するのは簡単ですが、通常は、土地、建物、株式、絵画等、様々な財産を含んでいることが多いので、その評価をしなければ、4分の1がどの程度になるかはっきりしないからです。

そして、当事者同士で協議がまとまらないと、通常は、家庭裁判所における調停の手続きの中で協議することになります。調停とは、裁判所における裁判官を交えた話し合いと思ってもらえば良いと思います。費用も手間もかかりますし、仮に調停がまとまらなければ、裁判という最終的な手続きに進むことになり、兄弟の間には修復できないほど決定的な亀裂ができることになります。私も、仲の良かった兄弟が、家庭裁判所の廊下でつかみ合いの喧嘩になりそうな場面を幾度か目撃したことがありますが、それは決して、両親の望むものではないと思いますし、お兄さんもそのような事態を望んではいないと思います。

本件では、お兄さんは、母親が亡くなった後も、相談者を援助してくれたということであり、決して、相談者を見捨てているという訳ではなさそうです。本件のように、お兄さんが家業を継いでいるような場合には、会社の運転資金確保や銀行からの融資等の関係で、会社承継者に遺産を集中させなければならない事情もよく見受けられます。現にお兄さんも「財産分けで親父が苦労して作った会社を傾けるわけにはいかない」と言っています。父親がなぜこのような遺言書を残したかも含め、お兄さんとよく話し合って、裁判所が関与するまでもなく、お互いに納得できる円満な解決を図る努力をすることをお勧めしたいと思います。

CASE20
縁の切れていた亡父の莫大な負債、支払うべき？

【相談】

「親父、死んじゃったのか」父の死を知らせる黒い縁取りのはがきが届いたとき、悲しみの感情がまったくわいてきませんでした。私が生まれてすぐに父は外に愛人をつくり、それから30年以上、別居状態でした。ほとんど顔を合わせたことがありません。私をこの世に誕生させた父の肉体が消滅したことで、父との一切の縁もなくなったもの、と思っていました。ところが、父の死後も、その影から逃れられないでいるのです。

父が亡くなったのは、昨年の夏です。父と同居していた女性からの葬儀の通知で知りました。父は闘病の末に亡くなったそうです。私は、父と母が一緒になってからすぐに生まれました。しかし、父は結婚当初から母とは折り合いが悪く、やがて他の女性と関係をもつようになりました。夫の裏切りに母は耐えられず、私を連れて実家に戻りました。それから、離婚はしないまま、別居状態が続いたのです。

「どうして、僕にはお父さんがいないの」

幼い私の問いかけに対して、母がただ黙っていたのを覚えています。父とのことを母は、ほとんど話しませんでした。複雑な事情を、傷つかないように教えてくれたのは、私をかわいがってくれた叔母でした。叔母によると、父が「浮気はしない。心を入れ替える」と両手をついて謝るので、私が幼いころ、母とよりを戻して同居したこともあったそうです。しかし、それも長続きしませんでした。その後、物心ついてから父に会ったのは10歳くらいの時だったと思います。父の母親（私の祖母にあたります）の葬儀に参列した時で、以来、個人的にも連絡を取ったことはありません。母は、父から一切、生活費や養育費をもらうことなく、実家の援助を受けながら私を育て上げてくれました。母には感謝の気持ちでいっぱいです。その母も、父との確執による心労がたたったのか、5年前に亡くなりました。父の葬儀は、郊外の小さなセレモニーホールで執り行われ、同居の女性が喪主を務めました。棺おけの小窓に見えた父の顔の目元は、自分とそっくりでした。喪主の女性からは、父の財産についての話はまったく出ませんでした。私も、父の財産は一切当てにしていませんでしたし、そういった生臭い話はいやだったので、形式的な世間話だけして財産の話はしませんでした。父には特に資産も負債もなく、質素に暮らしていたのだろうと思っていたのですが…。

父が死んでから半年以上もたったある日、私は、銀行からの突然の連絡に驚きました。なんと、父に3000万円の貸し付けがあるので返済してほしいというのです。銀行側は、父の死後に戸籍などを調査し、法定相続人である子供の私を捜し出したのでした。驚いた私は、これまでのいきさつをすべて説明しました。ところが、銀行の担当者は「事情は分かるが、既に相続放棄ができる期間は過ぎているので、あなたは子供として、父親の財産を相続したことになる。法的には支払ってもらわなければ困る」と一点張りです。何十年も会ったことのない父の負債を、支払わなければならないなんて不合理です。払わないで済む方法はあるのでしょうか？

相続放棄は相続開始の時から3ヶ月以内に行わなければならない

遺言書がない場合には、被相続人（本件では相談者の父親を指します）の遺産は、法定相続人が法定相続分に従って相続することになります。お父様と同居していた女性は法律上の妻ではないため相続権はありません。したがって、お母様が既に5年前に亡くなっていることから、銀行担当者が指摘するように、子供である相談者が法定相続人となり、すべての遺産を相続することになります。

相続人は、相続開始の時（被相続人の死亡の時）から、被相続人の財産に属した一切の権利義務を承継することになり、「プラスの財産」ばかりではなく、「マイナスの財産」、いわゆる負債も相続することになります。財産よりも負債の方が多い場合、相続人は、親から承継した負債を承継し、返済しなければならないことになるわけです。しかし、親の残した借金を相続人である子供が必ず返済しなければならないというのはきわめて不合理です。そこで、「相続放棄」という制度が法律で認められており、相続人は、相続を自らの意思によって放棄することもでき、その場合には初めから相続人にならなかったものとみなされます。また、相続人が遺産を相続するときに相続財産を責任の限度として相続すること、つまり相続財産をもって負債を弁済した後に、余りが出ればそれを相続できるという「限定承認」という制度も認められています。ただし、相続放棄または限定承認をするには、相続人が自己のために相続の開始のあったことを知った時から3ヶ月以内に行う必要があり（この期間を「熟慮期間」と言います）、この期間内に相続放棄または限定承認をしなかった場合には、自動的に、相続を承認したことになってしまいます（「単純承認」）。

相談者の場合、お父様が亡くなった旨の通知を受けて、その葬儀にも出席しているので、通常は、通知を受け取った時が、「相続人が自己のために相続の開始のあったことを知った時」となります。そして、その時点から3ヶ月の熟慮期間を経過した後では、原則として、相続放棄又は限定承認はできず、相続人である相談者は、相続について単純承認したことになります。したがって、相談者が3000万円のお父様の負債を相続したことになり、銀行担当者の言うように返済しなければならないのが原則となるわけです。ちなみに、3ヶ月の熟慮期間内であれば、熟慮期間を延長することを家庭裁判所に申し立てることもできますが、熟慮期間経過後にはそれも認められていません。

3ヶ月以上経過していても相続放棄できる場合がある

原則としては前記のとおりなのですが、3ヶ月の熟慮期間経過後にはまったく相続放棄や限定承認ができないとすると、相談者のケースのように、非常に酷な結果となってしまうことがあります。そこで、裁判所は、熟慮期間の起算日、つまり相続人が自己のために相続の開始のあったことを知った時を緩やかに解釈して、例外を認めるケースがあります。

最高裁判所は、「熟慮期間は、原則として、相続人が相続開始の原因となる事実及びこれにより自己が法律上相続人となった事実を知った時から起算すべきものであるが、相続人が右各事実を知った場合であっても、右各事実を知った時から3ヶ月以内に限定承認又は相続放棄をしなかったのが、被相続人に相続財産がまったく存在しないと信じたためであり、かつ被相続人の生活歴、被相続人と相続人との間の交際状態その他諸般の事情からみて当該相続人に対し相続財産の有無の調査を期待することが著しく困難な事情があって、相続人において右のように信ずるについて相当な理由があると認められるときには、相続人が前記の各事実を知った時から熟慮期間を起算すべきであるとすることは相当でないものというべきであり、熟慮期間は相続人が相続財産の全部又は一部の存在を認識した時又は通常これを認識しうべき時から起算すべきものと解するのが相当である。」としています（最高裁判所・1984年4月27日判決）。

相談者のケースの場合、お父様とは30年以上別居状態が続いていたこと、その間連絡もほとんど取っていなかったこと、お父様の葬儀の際に同居していた女性から資産や負債についてまったく話がなかったこと、銀行からの連絡があって初めてお父様に負債があることを知ったことなどの諸事情を考えあわせると、熟慮期間の起算日は銀行から連絡があった時と判断される可能性が高いと考えられます。実際に、相談者のケースとほぼ同様の事例において、例外として、相続放棄が認められた裁判例があります（広島高等裁判所・1988年10月28日決定）。同様に、高松高等裁判所・2008年3月5日決定は、相続債務について調査を尽くしたにもかかわらず、債権者からの誤った回答によって、債務が存在しないものと信じて限定承認または放棄をすることなく熟慮期間が経過するなどした場合には、相続人において、遺産の構成につき錯誤に陥っているから、その錯誤が遺産内容の重要な部分に関するものであるときは、錯誤に陥っていることを認識した後、改めて民法915条1項所定の期間内に、錯誤を理由として単純承認の効果を否定して限定承認または放棄の申述受理の申し立てをすることができると判示しています。

裁判所が相続放棄を認めなかった場合

他方、裁判所が熟慮期間経過後の相続放棄を認めなかった事案もあります。大阪高等裁判所は、2009年1月23日判決において、相続人が、相続から数年後に貸金返還請求訴訟を受けて、被相続人の多額の債務の存在が判明した事案において、熟慮期間を繰り下げるべき特段の事情はないと判断し、熟慮期間経過後の相続放棄を認めませんでした。この事案は、被相続人の死亡後に、相続人間において遺産分割協議がなされたところ、その際、特定の相続人が、被相続人には不動産等の積極財産や、約7600万円の債務（消極財産）があるが、積極財産の方が消極財産を若干上回るとの前提で不動産の一部や債務の一部を相続したところ、後日、相続時に認識していなかった第三者から訴訟を提起され、被相続人の当該第三者に対する債務が元金だけでも3億円以上あったことが判明したため、相続放棄の申述をしたというものです。

それに対し、裁判所は、前記1984年の最高裁の判示を前提とした上で、相続人には、被相続人が死亡した時点において、その相続財産の有無及びその状況等を認識または認識することができるような状況にあった（少なくとも相続財産がまったくないと信じるような状況にはなかった）し、被相続人に積極財産及び消極財産があることを認識して遺産分割協議をし、不動産の一部について相続登記を経由し債務も弁済していたような事情に照らせば、本件訴訟提起まで本件債務のあることを知らなかったとしても、熟慮期間を本件訴状送達日から起算すべき特段の事情があったとはいえない旨を次のように判示しています。

「控訴人（筆者注：相続人）が被控訴人（筆者注：訴訟提起した貸金業者）の本件訴訟提起まで本件債務の存在を知らずにいて、かつ、本件債務を加えると控訴人が本件遺産分割協議によって相続した消極財産が積極財産を上回り、当事者間で本件遺産分割協議が無効になったとしても、控訴人は、遅くとも本件遺産分割協議の際には、春男（筆者注：被相続人）に積極財産のみならず多額の債務があることを認識し、これに沿った行動を取っていたといえるのであって、このような事情に照らせば、控訴人について、熟慮期間を本件訴状が控訴人に送達された日から起算すべき特段の事情があったということもできない。したがって、控訴人がした相続放棄の申述は相続開始から3ヶ月を経過した後にされたもので、その受理は効力を有しないものというべきである。」

以上のように、相続放棄については、あくまで熟慮期間の存在を前提とし、その期間を徒過した場合には基本的に放棄が認められないものの、事案によっては、例外が認められることがあるわけです。前述のように、相談者の事案では、例外として相続放棄が認められる可能性が高いと思われますが、その場合でも、熟慮期間の起算日が、通常の「被相続人の死亡の時」ではなく、そこから後ろにずれて、銀行から連絡があってお父様の負債の存在を知った時と判断されるだけであり、いずれにしても、その時点から3ヶ月以内に相続放棄をしなければなりません。相談者は、できる限り早急に、自ら家庭裁判所に赴いて相続放棄の手続きをするべきと思いますし、裁判所の対応によっては、弁護士に相談するべきかと思います。

相続放棄の具体的なやり方

では、相続放棄の手続きとはどのようなものでしょうか。

民法は、「相続の放棄をしようとする者は、その旨を家庭裁判所に申述しなければならない」と定めています。この相続放棄の申述には、①相続放棄申述書、②被相続人の住民票除票又は戸籍附票、③申述人（放棄する人）の戸籍謄本、④被相続人の死亡の記載のある戸籍謄本などが必要ですが、この点は、申述をする家庭裁判所に問い合わせをするなり、家庭裁判所のホームページで確認してください。

なお、相続放棄の申述をする裁判所は、被相続人の住所地の家庭裁判所になりますので、相談者の場合には、お父様の住所地の家庭裁判所にする必要があります。仮に、家庭裁判所で相続放棄の申述が認められなかった場合でも、2週間以内に高等裁判所に対し即時抗告をすることができます。前述した広島高等裁判所・1988年10月28日決定も、家庭裁判所で相続放棄の申述が認められなかったのに対して即時抗告がなされ、高等裁判所が相続放棄の申述を認めたという事例となっています。

CASE21
終活ブームの日本、尊厳死・安楽死の現状は？

【相談】

長年勤めた電機メーカーを５年前に退職、現在は妻と２人で悠々自適の生活をしています。最近、仲の良かった友人を相次いで亡くし、自分の死について深く考えるようになりました。「終活」を特集した雑誌をいくつか取り寄せ、自分なりの準備をしています。自分の葬儀のスタイルを考えてみたり、お墓の手配をしたり、さらに弁護士に依頼して公正証書遺言を作成するといったことをやってみたのですが、最後に、終末期医療をどうするかで悩んでいます。自分が不治の病にかかり、医師から余命を宣告されたらどうするのか。家族に迷惑をかけたくないと思う一方で、自分がどんな最期を迎えるのか、なかなか考えがまとまりません。

以前、新聞で、脳腫瘍を患い余命わずかと宣告されたアメリカの29歳の女性が、オレゴン州で、医師による処方薬を服用して死亡した旨の記事を読んだことがあります。アメリカの一部の州では、このような死に方が認められているとのことでした。もうずっと昔のことですが、私の父は末期がんで苦しみながら亡くなっています。子供の頃に読んだ手塚治虫の漫画『ブラックジャック』では、ドクター・キリコがそうした患者の安楽死を手助けしていましたが、今の日本で、安楽死は基本的に認められておらず、仮に医師が手助けをした場合には、医師が殺人や自殺幇助などの犯罪に問われる可能性があると聞きました。

家族にあてたエンディングノートには、妻や子供たちへの感謝の気持ちとともに、「無用な延命治療はしないでください」という私の希望を書きたいのですが、家族や治療にあたる医師に罪を負わせることはできません。延命治療のあり方についての関心は高まっているようですが、尊厳死、安楽死を巡る議論

はどこまで進んでいるのでしょうか。法律的な面もあわせて教えてください。

終活ブーム

最近、「終活」がブームになっているそうです。確かに、雑誌などでも、この言葉をよく見るようになった気がします。

ウィキペディアでは、「終活」とは「人生の終わりのための活動」の略であり、人間が人生の最期を迎えるにあたって行うべきことを総括したことを意味する言葉と説明されています。具体的には、自分のお葬式の内容やお墓のことについて予め決めておいたり、財産や相続についての計画を立てて身辺整理をしておくといった内容を指すようで、これらの活動を行うことによって、残された家族に迷惑をかけることも無くなり、安心して余生を過ごすことができるなどと言われています。

こうしたブームの背後には、葬儀ビジネスによる商業的動機があるなどと批判的な意見もネットには出てきますが、仮にそうであるとしても、自分自身の人生の終わり方について、元気なうちから考えておくことは十分意義があると思います。遺言書の作成なども終活のひとつであることは言うまでもありません。弁護士という職業柄、相続などにおけるもめ事をたくさん見てきているだけに、終活というものの大事さは身にしみて感じています。さて、今回のテーマは、通常、終活という話題の時にはあまり取りあげられませんが、ある意味、「究極の終活」とも言える、自分の死に方をどのように決めるかという問題です。

ブリタニー・メイナードさんの事例

2014年1月、米国人女性ブリタニー・メイナードさんは、神経膠芽腫という悪性の脳腫瘍であるとの診断を受け、開頭手術を受けましたが、病状は悪化し、4月には、余命は6ヶ月程度と医師から宣告されることになりました。そして、医師から、治療による副作用など、病気の末期に体がどのような影響を受けるかを知らされ、衰弱が激しくなる前に自らの命を終えることに決めたということです。最終的には、居住していたカリフォルニア州サンフランシスコから、全米で初めて尊厳死を合法化する法律が施行されたオレゴン州に移住し、同年11月1日、医師から処方された鎮痛剤を、致死量を超えて服用して亡くなりました。死の直前には、家族や友人に対して、SNSで「さようなら、世界」などと書き込んだということです。ブリタニーさんは、事前に、自ら「尊厳死」を選ぶ決意を表明して「11月1日に服薬で死ぬ。」と予告する動画をユーチューブで公開していたため、世界中で賛否両論の議論が巻き起こり話題となりました。その動画の閲覧件数は1千万回を超えたということです。日本でも話題となり、当時の新聞でも、「『尊厳死』宣言　薬飲み実行」という見出しで大きく取り扱われました。ブリタニーさんがこのような選択をするに至るまでの葛藤については、ネットで様々な情報が提供されていますので、関心のある方は一読してもらいたいと思います。なお、2017年2月10日発売の「文藝春秋」3月特別号では、「大特集　理想の逝き方を探る」と題して、安楽死を特集していますが、その中で「娘を安楽死させた母の告白」という記事が掲載され、遺されたブリタニーさんの母親デボラ・ジーグラーさんが胸のうちを明かしています。デボラさんは、当初、安楽死には反対で世界のどこかで娘を奇跡的に救ってくれる医師がいると信じ、治療することを勧めましたが、「医師のアドバイスに従って治療を受けたとして、医療機器がビーッと鳴る音を聞きながら、ただベッドに繋がれているだけだわ。それは生きることと違う。ただ、技術的に生かされ続けているだけ。それは死ぬよりも辛いことだわ。」というブリタニーさんの言葉で、安楽死の希望を受け入れることに決めたということです。そして、娘の生き方を見て、今では、将来、病気になって大きな痛みや機能不全に襲われ始めたら、同じ道を選ぼうと考えていますとまで話しています。

「尊厳死」と「安楽死」の違い

ブリタニーさんのニュースを契機として、日本でも「尊厳死」について議論になりました。ただし、ここで注意すべきなのは、ブリタニーさんの事例は、いわば「医師による自殺幇助」を意味するものであり、厳密に言えば、日本では「尊厳死」ではなく、「安楽死」として議論されている事例に該当するものです。安楽死と尊厳死との違いについては、インターネット上でも様々な説明が為されています。その一例として、一般財団法人日本尊厳死協会のホームページでは、次のように記載されています。

「尊厳死は、延命措置を断わって自然死を迎えることです。これに対し、安楽死は、医師など第三者が薬物などを使って患者の死期を積極的に早めることです。どちらも『不治で末期』『本人の意思による』という共通項はありますが、『命を積極的に断つ行為』の有無が決定的に違います。」

いずれも本人の意思による死の迎え方ですが、安楽死は、薬物などによって人為的に死をもたらすものであるのに対して、尊厳死は「人間の尊厳を保って自然に死にたい」という患者の希望をかなえることを目的として、人工的な延命措置を行うのをやめ、その結果として自然な死を迎えるものということだと思います。

では何故、新聞各社が、ブリタニーさんの死を「尊厳死」として報じたのか、それは日米の法制度の違いに依拠します。アメリカでは、オレゴン州など幾つかの州で、不治の病で終末期にある患者に対し、医師によって処方された死に至る薬を自分自身で服用して、自ら命を絶つことを認める法律、いわゆる「Death with Dignity Act」(DWDA)が制定されています。ちなみに、カリフォルニア州では、ブリタニーさんの事例の時には法律が制定されていなかったのですが、当該事例が契機となり、2015年9月に同法案が可決され、2016年1月1日から施行されました。この「Death with Dignity」を直訳すれば、「尊厳死」ということになるため、ブリタニーさんの死を報じる日本の新聞でも、そのように記載されていたわけです。

しかしそれは、日本でいう「尊厳死」とは異なるものと考えられています。当時、日本尊厳死協会の担当者は、尊厳死と安楽死の区別が十分に理解されていないなど、終末医療につき議論することがタブー視されている日本の現状につきコメントしていました。ちなみに、日本では「尊厳死」と言われている、不治で末期に至った患者が、自分の意思に基づき死期を引き延ばすだけの延命措置を断り尊厳を保って死に至ることは、アメリカでは、「Natural Death」=「自然死」と言われています。

以下、まず日本における意味での「尊厳死」の現状について説明した上で、「安楽死」の問題（上記ブリタニーさんのようなケース）にも言及してみたいと思います。

東海大学安楽死事件判決（1995年3月28日）

日本でいう「尊厳死」は、アメリカではほとんどの州で法的に認められているものの、日本では法制化されていません。しかし、現実の医療現場においては、延命措置を控えたり、中止したりすることは少なからず行われています。横浜地方裁判所・1995年3月28日判決（東海大学安楽死事件）は、医師が患者に致死薬を投与するといった「安楽死」が、日本で初めて裁判で争われた事案として有名なものです。

本事案は、大学附属病院に勤務する医師が、治療不可能ながんに冒され入院中の患者が余命数日という末期状態にあった時に、患者の長男ら家族から治療行為の中止を求められ、点滴などの全面的な治療を中止、さらに「楽にしてやってほしい」と頼まれて、塩化カリウムなどの薬物を注射し患者を死亡させたというものです。

裁判所は、治療行為の中止すなわち「尊厳死」の許容要件と、薬物の注射という「安楽死」の許容要件について判示した上で、医師の行為につき、「積極的安楽死として許容されるための重要な要件である肉体的苦痛及び患者の意思表示が欠けているので、それ自体積極的安楽死として許容されるものではなく、違法性が肯定でき、また、それに至るまでの過程において被告人が行った治療行為の中止…が、医療上の行為として法的許容要件を満たすものではなかったので、末期状態にあった本件患者に対して被告人によってとられた一連の行為を含めて全体的に評価しても、…患者を死に致した行為は、その違法性が少ないとか、末期患者に対する措置として実質的に違法性がないとはいえず、有責性が微弱ともいえず、可罰的違法性ないし実質的違法性あるいは有責性が欠けるということはない。」として、当該医師に対して、懲役2年執行猶予2年を言い渡しました。

日本における「尊厳死」の要件について

横浜地方裁判所は、まず、「治癒不可能な病気におかされた患者が回復の見込みがなく、治療を続けても迫っている死を避けられないとき、なお延命のための治療を続けなければならないのか、あるいは意味のない延命治療を中止することが許されるか、というのが治療行為の中止の問題であり、無駄な延命治療を打ち切って自然な死を迎えることを望むいわゆる尊厳死の問題でもある。こうした治療行為の中止は、意味のない治療を打ち切って人間としての尊厳性を保って自然な死を迎えたいという、患者の自己決定を尊重すべきであるとの患者の自己決定権の理論と、そうした意味のない治療行為までを行うことはもはや義務ではないとの医師の治療義務の限界を根拠に、一定の要件の下に許容されると考えられるのである。」とした上で、「治療行為の中止」が許容される要件として、次の項目を挙げています。

(1) 患者が治癒不可能な病気に冒され、回復の見込みがなく死が避けられない末期状態にあること

(2) 治療行為の中止を求める患者の意思表示が存在し、それは治療行為の中止を行う時点で存在すること

(3) 治療行為の中止の対象となる措置は、薬物投与、化学療法、人工透析、人工呼吸器、輸血、栄養・水分補給など、疾病を治療するための治療措置及び対症療法である治療措置、さらには生命維持のための治療措置など、すべてが対象となってよい

そして、(1) の要件について、「治療の中止が患者の自己決定権に由来するとはいえ、その権利は、死そのものを選ぶ権利、死ぬ権利を認めたものではなく、死の迎え方ないし死に至る過程についての選択権を認めたにすぎないと考えられ、また、治癒不可能な病気とはいえ治療義務の限界を安易に容認することはできず、早すぎる治療の中止を認めることは、生命軽視の一般的風潮をもたらす危険があるので、生命を救助することが不可能で死を避けられず、単に延命を図るだけの措置しかできない状態になったときはじめて、そうした延命のための措置が、中止することが許されるか否かの検討の対象となると考えるべきであるからである。こうした死の回避不可能の状態に至ったか否かは、医学的にも判断に困難を伴うと考えられるので、複数の医師による反覆した診断によるのが望ましいといえる。また、この死の回避不可能な状態というのも、中止の対象となる行為との関係である程度相対的にとらえられるのであって、当該対象となる行為の死期への影響の程度によって、中止が認められる状態は相対的に決してよく、もし死に対する影響の少ない行為ならば、その中止はより早い段階で認められ、死に結びつくような行為ならば、まさに死が迫った段階に至ってはじめて中止が許されるといえよう。」としています。

さらに、(2) の要件については、「治療行為の中止のためには、それを

求める患者の意思表示が存在することが必要であり、しかも、中止を決定し実施する段階でその存在が認められることが必要である。」とした上で「治療行為の中止を求める患者の意思表示は、…十分な情報と正確な認識に基づいた明確なものとして、治療行為の中止が検討される段階で存在することが望ましく、医師側においてもそのような意思表示を求めて努力がなされるであろうが、しかし現実の医療の現場においては、死が避けられない末期患者にあっては意識さえも明瞭でなく、あるいは意識があったとしても、治療行為の中止の是非について意思表示を行うようなことは少なく、そのため、治療行為の中止が検討される段階で、中止について患者の明確な意思表示が存在しないことがはるかに多く、一方では、家族から治療の中止を求められたり、家族に意向を確認したりすることも少なくないと考えられるのである。こうした現実を踏まえ、今日国民の多くが意味のない治療行為の中止を容認していることや、将来国民の間にいわゆるリビングウィルによる意思表示が普及してゆくことを予想し、その有効性を確保することも必要であることなどを考慮すると、中止を検討する段階で患者の明確な意思表示が存在しないときには、患者の推定的意思によることを是認してよいと考えるのである。」と判示して、患者の明確な意思表示が存在しない場合には、患者の推定的意思によることもできるとしています。

患者の明確な意思が存在しない場合

患者の明確な意思表示が存在しない場合における、患者の推定的意思の認定について、裁判所は、「患者自身の事前の意思表示がある場合には、それが治療行為の中止が検討される段階での患者の推定的意思を認定するのに有力な証拠となる。事前の文書による意思表示（リビングウィル等）あるいは口頭による意思表示は、患者の推定的意思を認定する有力な証拠となる。こうした事前の意思表示も、中止が検討される段階で改めて本人によって再表明されれば、それはその段階での意思表示となることはいうまでもないが、一方、中止についての意思表示は、自己の病状、治療内容、予後等についての十分な情報と正確な認識に基づいてなされる必要があるので、事前の意思表示が、中止が検討されている時点とあまりにかけ離れた時点でなされたものであるとか、あるいはその内容が漠然としたものに過ぎないときには、後述する事前の意思表示がない場合と同様、家族の意思表示により補って患者の推定的意思の認定を行う必要があろう。」として、患者が事前に何らかの意思表示をしている場合には、患者自身の意思表示及び家族の意思表示によってこれを補うことによって、推定的意思の認定を行うとしています。

また、患者の事前の意思表示が何ら存在しない場合については、家族の意思表示から患者の意思を推定することが許されるとした上で、「家族の意思表示から患者の意思を推定するには、家族の意思表示がそうした推定をさせるに足りるだけのものでなければならないが、そのためには、意思表示をする家族が、患者の性格、価値観、人生観等について十分に知り、その意思を適確に推定しうる立場にあることが必要であり、さらに患者自身が意思表示をする場合と同様、患者の病状、治療内容、予後等について、十分な情報と正確な認識を持っていることが必要である。そして、患者の立場に立った上での真摯な考慮に基づいた意思表示でなければならない。また、家族の意思表示を判断する医師側においても、患者及び家族との接触や意思疎通に努めることによって、患者自身の病気や治療方針に関する考えや態度、及び患者と家族の関係の程度や密接さなどについて必要な情報を収集し、患者及び家族をよく認識し理解する適確な立場にあることが必要である。このように、家族及び医師側の双方とも適確な立場にあり、かつ双方とも必要な情報を得て十分な理解をして、意思表示をしあるいは判断するときはじめて、家族の意思表示から患者の意思を推定することが許される。」としています。ただし、「この患者の意思の推定においては、疑わしきは生命の維持を利益にとの考えを優先させ、意思の推定に慎重さを欠くことがあってはならない。」との留保もつけられています。

最高裁判所・2009年12月7日判決（川崎協同病院事件）

この最高裁判所判決は、川崎協同病院において、気管支ぜん息の重症発作で心肺停止・意識不明状態となって入院した患者に対し、主治医が、家族からの要請に基づき、家族の目の前で気管内チューブを抜管しましたが、苦しそうな呼吸を繰り返したことから、准看護師に命じて、筋弛緩剤を静脈注射し患者を死亡させたという事案です。本件は、前述した東海大学安楽死事件以降において、医師の刑事責任が問われ殺人罪で起訴された初めての事件であり、最高裁判所まで争われたことから、世間の注目を集めたものです。

同判決は、「被害者が気管支ぜん息の重積発作を起こして入院した後、本件抜管時までに、同人の余命等を判断するために必要とされる脳波等の検査は実施されておらず、発症からいまだ2週間の時点でもあり、その回復可能性や余命について的確な判断を下せる状況にはなかったものと認められる。そして、被害者は、本件時、こん睡状態にあったものであるところ、本件気管内チューブの抜管は、被害者の回復をあきらめた家族からの要請に基づき行われたものであるが、その要請は上記の状況から認められるとおり被害者の病状等について適切な情報が伝えられた上でされたものではなく、上記抜管行為が被害者の推定的意思に基づくということもできない。以上によれば、上記抜管行為は、法律上許容される治療中止には当たらないというべきである。」として、主治医に対して、殺人罪で懲役1年6月執行猶予3年の判決を下しました。

「終末期医療の決定プロセスに関するガイドライン」

厚生労働省は、2007年5月に、「終末期医療の決定プロセスに関するガイドライン」を策定しています。このガイドラインでは、終末期医療及びケアの在り方として、(1) 医師等の医療従事者から適切な情報の提供と説明がなされ、それに基づいて患者が医療従事者と話し合いを行い、患者本人による決定を基本とした上で、終末期医療を進めることが最も重要な原則である。(2) 終末期医療における医療行為の開始・不開始、医療内容の変更、医療行為の中止等は、多専門職種の医療従事者から構成される医療・ケアチームによって、医学的妥当性と適切性を基に慎重に判断すべきである。(3) 医療・ケアチームにより可能な限り疼痛やその他の不快な症状を十分に緩和し、患者・家族の精神的・社会的な援助も含めた総合的な医療及びケアを行うことが必要である。(4) 生命を短縮させる意図をもつ積極的安楽死は、本ガイドラインでは対象としないとしています。

また、終末期医療及びケアの方針の決定手続としては、「患者の意思が確認できる場合」には、(1) 専門的な医学的検討を踏まえたうえでインフォームドコンセントに基づく患者の意思決定を基本とし、多専門職種の医療従事者から構成される医療・ケアチームとして行う。(2) 治療方針の決定に際し、患者と医療従事者とが十分な話し合いを行い、患者が意思決定を行い、その合意内容を文書にまとめておくものとする。上記の場合は、時間の経過、病状の変化、医学的評価の変更に応じて、また患者の意思が変化するものであることに留意して、その都度説明し患者の意思の再確認を行うことが必要である。(3) このプロセスにおいて、患者が拒まない限り、決定内容を家族にも知らせることが望ましいとしています。

他方、「患者の意思が確認できない場合」には、(1) 家族が患者の意思を推定できる場合には、その推定意思を尊重し、患者にとっての最善の治療方針をとることを基本とする。(2) 家族が患者の意思を推定できない場合には、患者にとって何が最善であるかについて家族と十分に話し合い、患者にとっての最善の治療方針をとることを基本とする。(3) 家族がいない場合及び家族が判断を医療・ケアチームに委ねる場合には、患者にとっての最善の治療方針をとることを基本とするとしています。

そして、終末期医療及びケアの方針の決定に際しては、医療・ケアチームの中で病態等により医療内容の決定が困難な場合や、患者と医療従事者との話し合いの中で、妥当で適切な医療内容についての合意が得られない場合、また、家族の中で意見がまとまらない場合や、医療従事者との話し合いの中で、妥当で適切な医療内容についての合意が得られない場合には、複数の専門家からなる委員会を別途設置し、治療方針等についての検討及び助言を行うことが必要であるなどとしています。

なお、同ガイドラインは、2015年3月に改訂され、「人生の最終段階における医療の決定プロセスに関するガイドライン」と改称されています。最期まで尊厳を尊重した人間の生き方に着目した医療を目指すことが重要であるとの考え方によるものです。内容的には大きな変更はなされていません。

「尊厳死」法制化の動き

このように厚生労働省からガイドラインは示されているものの、医療機関としては、場合によっては刑事責任を追及されかねないため、生命維持治療を開始した患者に対し中止することは容易にできない上、どのような条件を充たし手続きを踏めば免責されるのかについて、法律で明記されていないことから、慎重にならざるを得ないといった現状にあります。

こうした現状を打開するために、超党派の「尊厳死法制化を考える議員連盟」が、議員立法として「尊厳死法案」の国会への提出を検討しているようですが、未だに国会提出には至っていません。これは、様々な団体が、「尊厳死」法制化については反対しているからです。賛否両論があって、当分の間、法案が国会への提出される見通しはなさそうです。

日本における「安楽死」

上記のように法制化まで議論されている「尊厳死」とは異なり、「安楽死」の法制化を求める動きは未だにみられないようです。日本における「尊厳死」の法制化を推進している日本尊厳死協会は、ホームページ上で「安楽死を支持していません。」と明確に意見表明していますし、日本臨床倫理学会も、ホームページ上で、「ブリタニー・メイナードのケース」と題するレポートを掲示し、「日本では、医師による致死薬の処方を受け、自分の死亡する日時を自己決定し、自分で服薬するということが許容される社会的合意はありません。また、このような行為は、患者の命を救うことが使命である医師の価値観を大きく揺るがせることになりかねないだけに、さらに議論が必要です。」としています。また、アメリカでも、ブリタニーさんが自ら命を絶つことを認める根拠となった法律である「Death with Dignity Act」については反対意見も根強いようです。

ちなみに、前述の横浜地方裁判所・1995年3月28日判決は、「末期医療においては患者の苦痛の除去・緩和ということが大きな問題となり、…治療行為の中止がなされつつも、あるいはそれがなされても患者に苦痛があるとき、その苦痛の除去・緩和のための措置が最も求められるところであるが、時としてそうした措置が患者の死に影響を及ぼすことがあり、あるいは苦痛から逃れるため死に致すことを望まれることがあるかもしれない。そこで、いわゆる安楽死の問題が生じるのであり、本件でも被告人は、治療行為を中止した後、家族からの『苦しそうなので、何とかして欲しい。』『早く楽にさせて欲しい。』との言葉を入れて、…患者を死に致したのであって、外形的には安楽死に当たるとも見えるので、安楽死が許容されるための一般的要件について考察してみる。」とした上で、安楽死が許容される要件として、次の項目を挙げています。

(1) 患者が耐えがたい肉体的苦痛に苦しんでいること

(2) 患者は死が避けられず、その末期が迫っていること

(3) 患者の肉体的苦痛を除去・緩和するために方法を尽くし他に代替手段がないこと
(4) 生命の短縮を承諾する患者の明示の意思表示があること

尊厳死、安楽死を巡る議論の今後

以上、「尊厳死」と「安楽死」の現状について、極力中立的な立場で議論してきましたが、いずれも、誰にでも必ず訪れる「死」をどのように迎えるかという重要な問題であり、多くの国民の意見を反映すべく、慎重に議論していくべきであることは言うまでもありません。

そして、今、こうした議論に、一石を投じているのが、「渡る世間は鬼ばかり」で有名な脚本家の橋田壽賀子さんです。『文藝春秋』2016年12月号に寄稿した「私は安楽死で逝きたい」は大きな話題となり、この記事は、読者の投票を元に決まる、第78回文藝春秋読者賞を受賞しました。このことは、尊厳死・安楽死問題が、タブー視されていて表面的にはほとんど話題にならないものの、実は、多くの人々の関心事であることを明らかにしたと思います。橋田さんは、その後『安楽死で死なせて下さい』という本を出し、その中で「自分の死に方について考えたとき、安楽死が選択肢のひとつとして、ごく自然にあったらいいな、と思うのです。」と書いています。その本は、何が正しいかという論調ではなく、「死に方の選択肢」があってもよいのではないかというものであり、ひとつの傾聴すべき意見かと思います。

最後に、近時、安楽死の問題が話題になった事件を紹介したいと思います。

2015年7月8日、痛みに耐えられない妻（当時83歳）から殺してほしいと懇願され、ネクタイで首を絞め、その後死亡させたとして、嘱託殺人罪に問われた夫（当時92歳）について、千葉地方裁判所は、被告人（夫）は92歳の高齢で軽度の認知症を抱えながらも、自宅において被害者とほぼ2人きりの閉ざされた環境で眠る間もなく献身的に介護を続ける中で、次第に疲弊し追い詰められ、被害者を早期に苦しみから解放することを最優先に及んだ犯行だとして、懲役3年、執行猶予5年の温情判決を言い渡しました。

裁判所が認定した「犯行に至る経緯」の中には、次のような一節があります。

「被害者は、足腰の痛みを和らげるために病院を何度も受診し、処方された鎮痛薬を服用するなどしていたものの、効果は乏しく、絶えず痛みに苛まれながら過ごしており、痛みに起因する不眠にも酷く苦しんでいた。被害者は、かねてから入院治療等のより高度な医療措置には拒否感が強く、死以外に痛みから逃れる方法はないのでないかという思いを抱き、家族に大きな負担をかけていることを耐え難く思う気持ちもあり、安楽死を望むかのような発言をするようになった。被告人は、そうした発言を笑い飛ばすしかなかったが、被害者を不憫に思う気持ちや無力感は強く、昼夜を問わずに眠る間もなく被害者の介護に追われるうちに被告人の疲労の色も濃くなっていた。同年11月2日、被告人が自宅の廊下で転倒した被害者の手助けに行くと、被害者は、もう生きていても苦しいだけなので、殺してほしいと懇願した。被告人は、被害者を苦しみから解放するにはもはや自分が殺害するほかないものと考え、苦渋の思いでその申出を了承した。被告人は、被害者と二人で寝室に移動し、布団に横になった被害者に添い寝をしながらしばらく思い出話をした後、素手で被害者の首を絞めて殺害しようとしたものの、うまく絞めることができなかったことから、被害者はネクタイを用いて首を絞めるように求めた。そのため、被告人は、洋服箪笥からネクタイを持ち出し、被害者の首にネクタイを二重に巻き付け、覚悟のほどを確かめたが、被害者の決意は揺るがなかった。そこで、被告人はネクタイで思い切り被害者の首を絞めた。」

判決言い渡し後、裁判官は「今度会った時に妻が悲しまないよう、穏やかな日々をお過ごしになることを願っています」と話し掛けたそうです。社会の高齢化が進んでいく中、「尊厳死」の問題はもちろんですが、「安楽死」の問題も、タブー視するのではなく、国民的な議論が進んでいくべきテーマであると思います。

8

第8章 総合編

CASE22
2020年4月施行の改正民法、ポイントを教えて

【相談】

私は大手メーカーに勤務する34歳のサラリーマン。趣味のテニスを通じて会社の外にも友人がたくさんおり、頻繁に飲み会に誘われます。つい先日の話です。地酒のおいしい店に4、5人で集まって飲んでいたのですが、友人のMが、かばんから雑誌を取り出し、「おい、こんな話、知っているか」と問いかけてきました。Mはトレンド情報をいち早くキャッチする男なので、みんな身を乗り出して、記事を見てみると「民法120年ぶりの大改正」などと書いてあります。

記事によれば、飲み屋のツケ払いの時効が1年から5年になるとか、法定利率というものが年5%から年3%に引き下げられるとか、借金の保証人が今まで以上に保護されるようになるとか、借りているマンションの敷金がすべて戻ってくるとか、改正の内容は多岐にわたるようです。その時の飲み会でも「オレのツケはチャラにはならないのか?」「そういえば大学時代の友人が借金の保証人になって苦労しているって言っていたなあ」「敷金が全部戻ってくるんなら結構な額になるぞ」などと、みんなが口々に言い出し、大いに盛り上がりました。大改正の行方は私のようなサラリーマンにも無関係とはいえないようで、それ以来、新聞は注意して読むようにしています。

ただ、制定から120年もたったのに、なぜ今になって改正されるのかがよく理解できません。それに、変更点が色々ありすぎて、ポイントもよく分かりません。この点を分かりやすく説明してもらえないでしょうか。

ついに実現した民法大改正

企業や消費者の契約ルールを定める債権関係規定（債権法）に関する民法改正案が、2017年5月26日、参院本会議で賛成多数で可決、成立しました。2020年4月1日の施行となります。

現行民法制定（1896年）以来、120年ぶりの大改正が実現するということで、メディアでも様々な特集が組まれ、大きな話題となっており、「飲み屋のツケから逃げられない」、「損害保険の保険金受取額が増加」、「連帯保証人制度の見直し」、「敷金は原則返還」などといった、興味をそそる様々な見出しの記事を、雑誌や新聞等で見た方も多いと思います。さらに、意外と知られていないのが約款に関する明文規定の新設です。ネットに関わる企業などにおいては、今や約款はサービス提供に不可欠の存在であり、ネットを日頃利用している皆さんにとっても影響の大きい改正かと思います。こうした今回の民法改正における重要事項について、以下解説してみたいと思います。

短期消滅時効の廃止

この改正が、「飲み屋のツケから逃げられない」という、興味をそそる見出しで、メディアでも、一番よく取りあげられているものです。

消滅時効とは、一定期間の経過によって、債権等の財産権が消滅する制度のことで、たとえば知人にお金を貸した場合、返済を約束した時から10年間が経過すると、お金を返してくれとは言えなくなってしまいます。これは、民法で、お金を貸した場合などのような、一般的な債権の消滅時効期間が、「権利行使できる時から10年間」と決められているためです。しかし現行の民法では、上記以外に、業種別に「短期消滅時効」というものが定められています。たとえば、飲食店の料金の時効は1年間、小売業の商品代金や弁護士報酬の時効は2年間、医師の診察料の時効は3年間などと規定されているのです。つまり、行きつけの小料理屋でツケで飲んだ場合、飲食店の料金の時効は1年ですから、1年間経過すればお店からツケを支払って欲しいと言われても、時効を理由として払わなくてもよいことになるわけです。ただ、同じようにお金を払ってくれと求める権利なのに、なぜ相手の業種などによって、時効期間が異なるのかの根拠は不明です。民法制定当時は何らかの合理性があったのかもしれませんが、現代社会では、相手の業種などによって、これほどまでに時効期間が異なる理由を説明することはもはや困難です。

そこで、今回の改正では、業種別の短期消滅時効が廃止されて、消滅時効期間は、「権利行使できる時から10年」という従来の一般原則に加え、「権利行使できると知った時から5年」の時効期間が追加されることで、業種などに関わりない時効期間に統一されました（改正法166条）。改正法の下では、「行使できることを知った時から5年」「行使できるときから10年」のいずれか早いほうのタイミングで時効が成立することになります。これに伴い、もともと5年間だった商事債権の消滅時効に関する規定（商法522条）も削除されます。

以上のように、改正後に小料理屋でツケで飲んだ場合、たとえ1年経過しても消滅時効にかからないことになり、世間で言われているように、「飲み屋のツケから逃げられない」ことになります。

なお、最近、違法残業が度々話題となり、不当に支払われなかった過去の残業代請求について報道されたりしています。ただ、社員は、過去2年分の未払い残業代の請求しかできません。労働基準法が、賃金債権につき、2年間の短期消滅時効を定めているからです（労基法115条）。そして、今回の改正は、短期消滅時効全般の改正ではなく、原則として、民法の規定の問題であって、賃金債権の時効に影響はありません。この点、今回の民法改正とのアンバランスが指摘されており、賃金債権の時効期間を見直そうという動きが出てきています。

図22-1 短期消滅時効の廃止

法定利率の引き下げ（法定利率を3％に）

法定利率とは、利息が当事者の合意により発生するときに利率が合意によって定められていない場合や、売買代金などの支払いが遅れたときに遅延損害金の利率を定めておかなかった場合などに適用される利率のことであり、現行民法では年5％の固定性とされています。今時、年5％の利回りの金融商品など探すのが大変ですが、お金を貸したのに返してくれなかった場合とか、家賃の支払いが遅れた場合などには、返済がなされるまでの間、自動的に年5％もの利息を請求できることになっているわけです。実勢から乖離したこの高い利率が、債権者に紛争解決を引き延ばすインセンティブを与えるといった、現実的な批判もなされていました。

私も、金銭の未払い案件を依頼されて、債務者に対し支払いを求める裁判を提起するときなどには「5％という超高金利の定期預金にお金を預けていると思えばよいですよ」とクライアントに冗談でよく話していたくらいです（もちろん相手に支払能力があることが前提ですが…）。

改正法では、こうした指摘を受け、法定利率を年3％に引き下げて、その後3年ごとに1％刻みで見直す変動制に改正するとされています（改正法404条）。なお、適用される法定利率は、最初に発生した利息に適用された利率となり、債権が消滅するまでに法定利率に変動があった場合でも影響を受けません。また、商行為によって生じた債権の法定利率は6％と定められていますが（商法514条）、これは廃止され、商事債権についても、上記変動制が適用されることになります。

図22-2 法定利率の引き下げ

法定利率

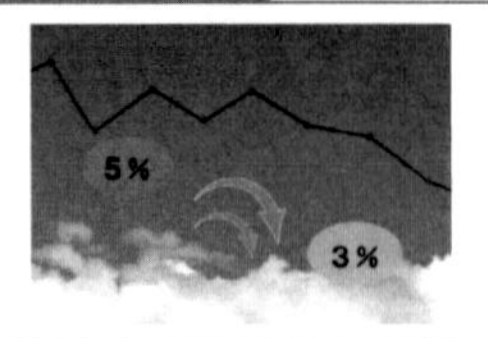

5%→3%
3年に1度見直す変動制を導入

損害保険の保険金受取額が増加？

法定利率が下がっても、私たちの生活に大きな影響は出ないと思われるかもしれませんが、実は意外なところで影響が出てきそうです。それが、損害保険の保険金受取額が増加するということです。交通事故などで死亡したり、重度の後遺症が残ったりした場合などに支払われる損害保険の保険金が、法定利率が下がると増えるということです。

損害保険では、死亡したり重度の後遺症が残ったりした場合、交通事故などに遭わなければ得られたであろう給料などの収入を逸失利益として算定して、損害保険金に反映しています。逸失利益は、交通事故発生の前の年の収入から、生活費を控除した金額に対し、交通事故等に遭わなければ働けたであろう年数（就労可能年数）を乗じて計算されますが、就労可能年数がたとえば40年であったとしても単純に40を乗じるわけではありません。損害保険金を前もって一括で受け取ることになるため、就労可能年数に複利で運用した場合の利益が差し引かれることになるのです（中間利息の控除と言います）。そして、この中間利息の控除には、民法上の明文規定はありませんが、判例（最高裁判所・2005年6月14日判決など）によって法定利率が使われているのです。簡単に言えば、たとえば1年後にもらうべき金銭を、今もらった場合、その1年間に運用できた分の金銭をあらかじめ差し引いて渡すということであり、その際の運用益とされる法定利率を大きく想定すれば、それだけもらえる金額は減少することになります。他方、法定利率を小さく想定すれば、算定される逸失利益が増えて、受け取る損害保険金も増えることになるわけです。日本損害保険協会が試算した事例では（27歳男性で全年齢平均賃金が41万5400円、就労可能年数40年、一家の柱で被扶養者が2人いる場合）、法定利率が現行の5％のままであれば逸失利益は5559万7219円であるのに対し、法定利率が3％に引き下げられると逸失利益は7489万5374円となり、1929万8155円（25.3％）も増えることになります。もちろん、交通事故になど遭わないにこしたことはありませんが、仮に事故の被害に遭ってしまった場合、受け取る損害保険金が増えるのですから、事故の被害者への影響は大きいと思われます。

しかし、必ずしもプラスの面ばかりではありません。自動車保険などに加入する人が支払う保険料が上昇するのではないかと懸念されているからです。法定利率の引き下げにより、損害保険会社が支払う損害保険金が増加するのですから、損害保険会社にとってはコスト増の要因になります。保険料は保険金の支払額だけで決定されるものではありませんが、保険料が上がる一要素になることは間違いありません。自家用車をお持ちの方はもちろん、事業に多数の自動車を利用する企業などにとっては気になるところです。

事業に関する債務の保証人の保護の強化

「事業をしている友人から頼まれて借金の保証人となったが、その友人が行方不明になってしまい、とても支払うことのできない多額の債務の弁済を求められて困っています。破産するしかないでしょうか。」というような相談を受けることがあります。最近はあまり見なくなりましたが、かつて多重債務が社会問題化した際には、事業を営む父親の借金について、子供やその配偶者はもちろん、親戚や友人といった人までが連帯保証をして、その事業が破綻すると、それに伴って、十数人が一度に自己破産するというような悲惨なケースもありました。

こうした保証人になったことによる悲劇は、今でも聞かれます。特に、事業に関わる融資の保証人となった場合、予想もしていなかった多額の請求を受けるなど、保証人の負担は非常に大きくなります。そこで今回の民法改正では、当初、第三者による連帯保証の原則禁止という方向で議論が始まりました。しかし、第三者による連帯保証が原則禁止されると、中小企業が金融機関から融資を受け難くなるのではないかという懸念が出たため、改正法では、事業に関わる融資に関して、(1) 主たる債務者である企業と一定の関係にある者（取締役、理事、執行役又はこれらに準ずる者や、経営に直接関与していなくても、議決権総数の過半数を有する、いわゆるオーナーなど）は例外として第三者には該当せず、これまで通り保証人になることができることにしました（改正法465条の9）。他方、(2) そうした関係性のない第三者が保証人となる場合には、保証契約締結前1ヶ月以内に作成された公正証書で、保証債務を履行する意思を表示していなければ保証契約の効力を生じないとされています（改正法465条の6）。これによって、事情のよく分からない第三者が、人間関係などを理由として断り切れずに保証人になってしまうことを防止できる可能性が高くなることが期待されているわけです。

なお、この点に関連して、「連帯保証人制度の見直し」とのメディアの見出しをたまに見ますが、より正確に言えば、「連帯保証を含む保証制度の見直し」というのが正しい表現となります。実務的には、単なる保証ではなく連帯保証とすることが一般的なことから、こうした表現が使われているわけです。

このように、事業に関わる融資についての保証契約締結の形式要件が厳格化されたので、融資をする側は、確実に1ヶ月以内に書かれた公正証書を相手方から入手しなければならなくなります。公正証書を作成するための公証役場が身近にない地域もあることから、従来より、借り入れがしづらくなる可能性について指摘されています。

図22-3 保証人の保護の強化①

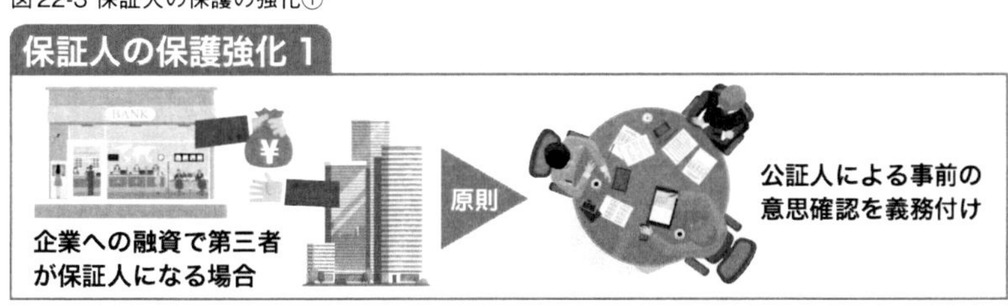

個人の保証に責任を負う限度額を設定

保証に関わる悲劇として、前記のようなケースの他にも、たとえば「友人から家を借りる際の保証人になってくれと頼まれ、どうせ支払うことになっても100万円くらいだろうと軽い気持ちで引き受けたら、友人が家賃を滞納したまま行方不明になってしまい、滞納家賃や原状回復費用として500万円も請求された」という類いの話もよく聞かれます。現行の民法の規定では、一部の債務を除いて、保証人が負担する限度額を定める規定がおかれていないため、保証人が思わぬ金額の弁済を求められることがあり得るわけです。

この点、改正法では、保証人保護の観点から、個人保証の場合には債務の内容にかかわらず、事前に極度額（保証する金額の上限）を定めなければならないとしています（改正法465条の2第2項）。先ほど挙げた、友人が家を借りる際の保証人になるケースなどでも、この改正によって、保証契約を締結する前に保証金額の上限を、たとえば100万円などと定めておけば、突然、自分が想定していた金額をはるかに超えるような請求を受ける事態にはならないわけです。

賃貸業界などでは、これまでと異なり、責任の限度額が具体的に明記されることから、その金額を負担に感じて、保証人になることを避ける人が増える結果、家賃債務保証会社の利用が増えるなどとも指摘されています。

図22-4 保証人の保護の強化②

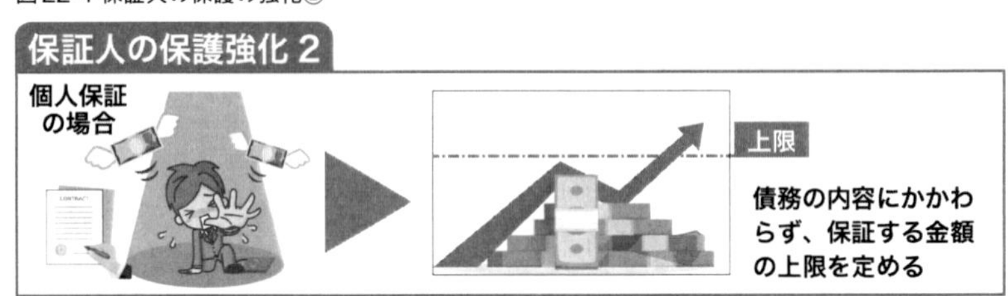

敷金は原則返還

本書CASE17でも説明したように、マンションなどを賃貸する場合、家賃の1〜3ヶ月分程度の敷金が必要となることが多いですが、退去時に敷金がまったく返ってこなかったり、様々な理由をつけ、原状回復費用として敷金以上の金額を請求されたりするトラブルが発生しています。現行民法には敷金に関する規定はないものの、裁判所は、通常の使用をした場合に生ずる劣化や通常損耗は、原状回復義務には含まれない、つまり普通の使い方をしている限りは、敷金は原則として全額返還されると判断しているのですが、従来、そういった知識が必ずしも世間で周知されておらず、通常損耗分も含めたすべての箇所について原状回復工事が行われ、その費用として敷金以上の金額を請求され、賃借人が業者の説明を鵜呑みにし必要ない支払いをするといった事態もみられました。

そこで、改正法は、敷金を「いかなる名目によるかを問わず、賃料債務その他の賃貸借に基づいて生ずる賃借人の賃貸人に対する金銭の給付を目的とする債務を担保する目的で、賃借人が賃貸人に交付する金銭」と明確に定義付けた上で、「賃貸借が終了し、かつ、賃貸物の返還を受けたとき」には、「賃借人に対し、その受け取った敷金の額から賃貸借に基づいて生じた賃借人の賃貸人に対する金銭の給付を目的とする債務の額を控除した残額を返還しなければならない」とし、敷金の返還義務を明確に規定しています（改正法622条の2）。

さらに、「賃借人は、賃借物を受け取った後に生じた損傷（通常の使用及び収益によって生じた賃借物の損耗並びに賃借物の経年変化を除く）がある場合において、賃貸借が終了したときは、その損傷を原状に回復する義務を負う。ただし、その損傷が賃借人の責めに帰することができない事由によるものであるときは、この限りでない」として、原状回復義務につき、「通常の使用及び収益によって生じた賃借物の損耗並びに賃借物の経年変化を除く」と、従来から判例で示されていた内容を分かりやすく明確に規定しています（改正法621条）。

図22-5 敷金の全額返還が原則であることを明文化

本来この点は、従来の判例法理を明文化しただけですから、実務への影響はないはずです。しかし、前述のように、必ずしも世間での認知が十分ではなく、不適切な運用が一部で行われていました。今回の改正により、賃借人が敷金に関する正しい認識を持つことになり、業者からの過大な請求をきっぱりと断り、さらに正当な敷金の返還を求めるといった動きが加速することが予想されます。他方、賃貸人の側からすれば、「敷金原則返還」という言葉が一人歩きすることにより、明らかに賃借人の落ち度で生じた損傷の補修費の負担にも応じてもらえず、常に敷金全額の返還を求められるようになるのではないかとの危惧も生まれていま

す。今後、賃貸業界では、従来以上に、契約締結時における、賃借人に対する適切な説明が必要となるということです。

購入商品に問題があった場合の責任

購入した商品が故障していた場合、現行民法では、売買契約を解除する、損害賠償を請求するという2つの方法が規定されています。改正法では、この2つの方法に加え、「目的物の修補」、「代替物の引き渡し」、「代金の減額」の各請求が規定されています（改正法562条）。また、改正法では、「引き渡された目的物が種類、品質又は数量に関して契約の内容に適合しないものであるとき」という表現で、条文が規定されています。現行民法で使用されている「瑕疵（かし）」（現行民法570条等）という難解な文言を使用せず、国民一般に分かりやすい民法を目指すという、本改正の趣旨を反映したものとなっています。

この改正によって、買主による権利行使の手段が増えることになりますので、売主としては、それにどう対応していくのかを検討する必要が出てきます。

図22-6 買主による権利行使の手段の多様化

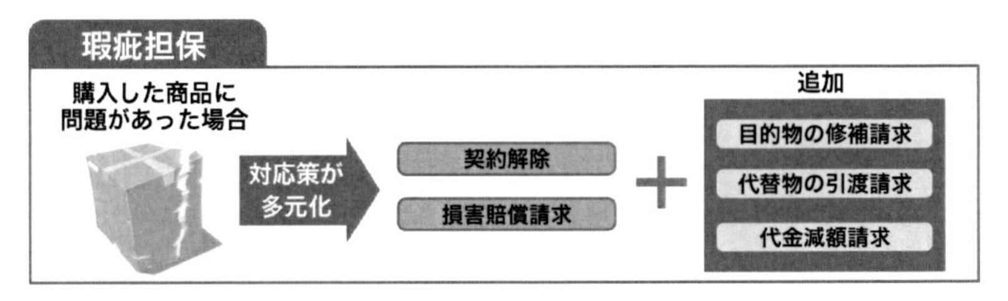

約款ルールの新設～約款の重要性

今回の改正のうち、業態に関係なく最も多くの企業に影響が出るのが、この約款の法制化ではないかと思われます。現に、法案作成の過程では、経済団体からの推薦委員が反対するなどして、最後まで、約款を法案に入れるかで紛糾しました。ちなみに、経団連は、民法改正中間試案で約款に関する規律を設けることが提案された際、「十分な立法事実がない中で、約款に関する一連の規律を新設することは事実上の規制強化に他ならず、有形・無形のコスト増加によって、自由で健全な事業活動を必要以上に阻害しかねず、一般法たる民法の役割を大きく踏み外すおそれがある。」などとして、「民法に約款に関する規律を設けるのは適切ではない。」と明確に反対の意向を示していました。

約款とは、電車・バスなどへの乗車、電気・ガス・水道の供給、銀行取引、保険取引など、従来から多くの場面で活用され、私たちの生活に密接に関係しています。特に、インターネットの普及に伴い、一般消費者向けにインターネットを用いて行われている多くのサービスで、約款（利用規約、利用約款など名称は様々です）が重要な役割を担っています。不特定多数に対しサービス提供する企業では、それら消費者との間で、同一内容の大量取引を、安全かつ効率的に行わなければならず、約款を作成し提示することによって、契約関係を一律に処理することが、もはや不可欠となっているわけです。他方、消費者の側としては、長文で細かい約款を、取引を行うごとに読まないのが普通であって、そのために不利益を被る場合もあり、実際にトラブルも生じています。

2017年1月には、さいたま市の消費者団体がNTTドコモに約款を変更できる条項の使用差し止めを求める訴訟を東京地方裁判所に提起しました。同社の約款には、携帯電話会社の判断で利用者の同意なくその内容を変更できる条項が設けられ、実際にサービス内容は頻繁に見直されていました。消費者団体は「利用者に不利益な変更を無条件にできるのは不当」と主張しており、特に2015年にそれまで無料だった請求書の発行手数料を、原則1通100円としたことを問題にしています。

約款は、多くの企業において、消費者との関係を規律するための重要な機能を果たしているにもかかわらず、現行民法には明文規定が存在していなかったことから、従来、約款規定が有効な契約内容となるための要件が明確ではなく、変更の可否やその要件が問題となっていました。そして今回、消費者保護の観点から、初めて約款に関する基本ルールが、民法に盛り込まれたわけです。

定型約款・定型取引などの新しい概念

改正法では、「定型約款」という概念を定めています。一般に「約款」と呼ばれるものは色々ありますが、今回の改正で、民法が新たに規定した「定型約款」に該当する場合に一定の効果を認めるのと同時に、消費者保護のためのルールが定められたということです。

「定型約款」とは、「定型取引（ある特定の者が不特定多数の者を相手方として行う取引であって、その内容の全部又は一部が画一的であることがその双方にとって合理的なもの）において、契約の内容とすることを目的としてその特定の者により準備された条項の総体」と定義されています（改正法548条の2第1項）。

ここでのポイントは「不特定多数」という点で、相手方の個性に着目しない取引を意味していることです。たとえば、労働契約は、多数を相手にしても会社に属する特定の従業員が相手となるために、定型約款に該当しません。また、企業間取引において用いられる約款も、基本的には定型約款には該当しないとされています（ただし、事業者間取引でも、預金規約やコンピューターのソフトウェア利用規約のようなものは該当します）。したがって、約款に改正法が適用される場面の多くは、事実上、事業者と消費者との間の契約になると思われます。

見なし合意及びその除外条項

定型約款による取引を行なう際には、次に掲げる場合、当該約款の個別の条項についても同意したものとみなされ、拘束力が生じます（みなし合意)。

つまり、定型取引を行うことを合意した者が、①定型約款を契約の内容とする旨の合意をしたとき、もしくは、②定型約款を準備した者があらかじめその定型約款を契約の内容とする旨を相手に表示していたときに拘束力が生じます。

①の場合は、面談やインターネットを通じて、約款を契約内容とすることに合意した場合であり、たとえばウェブページ上で、約款を契約内容とすることに同意する旨のボタンをクリックしてもらう方法などが挙げられます。②の場合は、企業が消費者に対し、予め約款を契約内容とする旨を記載した書面や電子データを提示・提供する場合であり、たとえば、ウェブページにおいて、消費者にとって分かりやすい場所に約款を掲載する方法などが挙げられます。この際、①と異なり、相手方の合意がなくても構いません。なお、いずれの場合も従来と同様に、消費者が規約の内容を理解したかどうかは問題になりません。

もっとも、定型約款がどのような内容であっても常に拘束力があるということではありません。一定の要件に該当する条項は、合意をしたものとみなす対象から除外されています。すなわち、その条項が、①相手方の権利を制限し、又は相手方の義務を加重する条項であって、②その定型取引の態様及びその実情並びに取引上の社会通念に照らして民法第1条第2項に規定する基本原則(信義則)に反して相手方の利益を一方的に害すると認められるものについては、「合意をしなかったもの」とみなされ、拘束力は生じません(改正法548条の2第2項)。

なお、「定型取引合意の前」又は、「定型取引合意の後相当の期間内」に相手方から請求があった場合には、遅滞なく、相当な方法(定型条項を記載した書面を現実に開示したり、定型条項が掲載されているウェブページを案内するなど)で、当該定型約款の内容を示さなくてはなりません。ただし、あらかじめ定型約款を記載した書面を交付するか、電子データを提供していた場合は、さらに重ねて定型約款の内容を示す必要はありません（改正法第548条の3）。

定型約款の変更

ビジネスは随時変化していくものであり、企業としては、その変化に応じて、当初合意した約款の内容を変更する必要が生じることがあります。その場合、内容変更のたびに、各相手方から個別合意を取ることが必要となると、企業の負担は極めて重くなりますし、不特定多数を相手とする定型取引に支障をきたすことになります。そのため、多くの企業は、利用規約などの約款でその内容を自由に改定できる旨を定めています。たとえば、「楽天ショッピングサービスご利用規約」13条は、「当社は、お客様に事前に通知することなく、いつでも本規約等を改定することができるものとし、当社が改定後の本規約を当社所定のウェブサイトへ掲載したとき（当社が改定後の本規約の発効日を別途設定した場合はその日）に効力を生じます。」と規定しています。しかし、企業の側が、一方的かつ無制限に約款を変更できるというのは、消費者の利益を不当に害する可能性があるため、改正案では、その変更のルールを定めています。

すなわち、改正民法は、①約款の変更が相手方の一般の利益に適合するとき、②約款の変更が契約をした目的に反せず、かつ、変更の必要性、変更後の内容の相当性、約款の変更をすることがある旨の定めの有無、その内容その他の変更に係る事情に照らして合理的なものであるときには、変更後の約款について、合意があったものとみなされ、個別の合意は必要ないとしています。

また、約款の変更をするときは、変更の効力発生時期を定め、かつ約款を変更する旨及び変更後の約款の内容並びにその効力発生時期を、インターネットなどの適切な方法で周知しなくてはならないという手続き上のルールも定められています（改正法548条の4）。

ただ、どこまでの変更なら認められて、どこからが無効になるかの線引きは曖昧と言わざるを得ません。利用者は、自分にとって不利益となる変更なら、その程度を問わず不満を抱くことになるでしょうから、定款変更を行う企業は、前述のNTTドコモのように訴訟リスクを抱える可能性があるということです。従来、利用規約などの変更について、それほど厳密な検討を行ってこなかった企業は、たとえその変更がやむを得ないとしても、訴訟リスクも考慮に入れ、利用者から十分な理解を得るための取り組みを行う必要があり、そのための内部体制を構築するべきです。規約など誰も読まないし何時でも自由に変更できるのだから、他社の規約を真似て適当に対応しておけばよいとか、企業側に有利な内容だけを規定しておけばよいなどといった安易な考えは、もはや通用しなくなるということです。

図22-7 約款の法制化

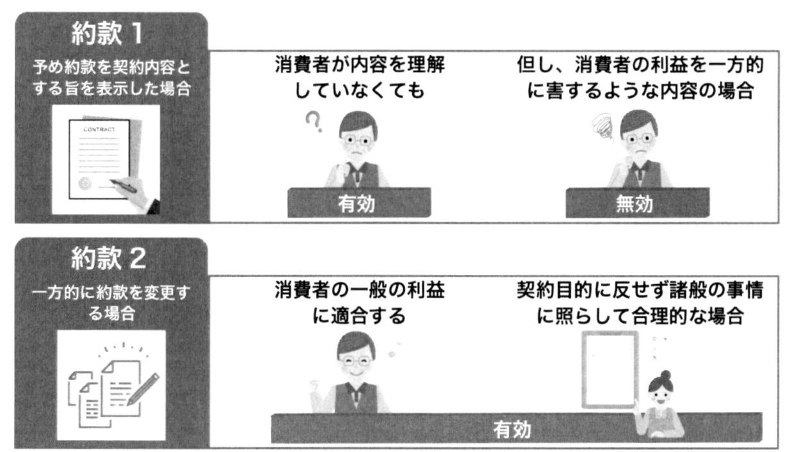

最後に

以上、民法改正において注目されている幾つかの改正点を中心に説明してきましたが、改正民法における改正点は約200点あり、まだ他にも改正点は多数あります。興味のある方は、法務省のホームページなどをご覧になって頂ければと思いますし、施行日が近づくにつれて、今後次々に出版されてくる解説書なども参考にして頂きたいと思います。改正民法は、2020年4月1日施行予定であり、オリンピックの話題が盛んになった頃には、企業も個人も、新しい民法に対する備えが必要となるということです。

蒲 俊郎 著「おとなの法律事件簿」シリーズのご案内

おとなの法律事件簿 職場編

弁護士が答える
企業のトラブルシューティング

電子版 ￥1,800 小売希望価格（税別）
印刷版 ￥2,200 小売希望価格（税別）

発行日：2016/12/09
発行社：インプレス R&D
ページ数：276（印刷版）
ISBN：978-4-8443-9740-3

おとなの IT 法律事件簿

IT の影響によって起きたさまざまな
生活やビジネスのトラブルを弁護士が解決

電子版 ￥1,200 小売希望価格（税別）
印刷版 ￥1,886 小売希望価格（税別）

発行日：2013 年 3 月 15 日
発行社：株式会社インプレスＲ＆Ｄ
ページ数：228（印刷版）
ISBN：978-4-8443-9576-8

著者紹介

蒲 俊郎（かばとしろう）

弁護士。桐蔭法科大学院 法科大学院長・教授（「インターネットの法律実務」「企業法務」「民事法総合演習」他の科目を担当）。主な専門分野は、IT・インターネット、企業法務全般、コンプライアンス、労働問題（使用者側）。2003年、城山タワー法律事務所を設立し、代表弁護士に。多数の企業の顧問弁護士として日々活動するほか、複数の上場企業の社外役員なども務める。また、積極的に企業における講演や研修などを行い、「社員を守る」という観点からのコンプライアンス教育の実践に努めている。他方、2003年、桐蔭横浜大学法学部客員教授、2005年、桐蔭法科大学院教授、2010年、同法科大学院長に就任。弁護士として多忙な日々を送る傍ら、次の時代を担う法曹の育成にも注力している。

その他の主な役職（現職のみ）：
ガンホー・オンライン・エンターテイメント株式会社（東証一部）社外監査役
株式会社ケイブ（JASDAQ）社外監査役
株式会社ティーガイア（東証一部）社外監査役
株式会社ピアラ社外監査役
株式会社J.Score社外監査役
学校法人桐蔭学園理事
一般財団法人東京都営交通協力会理事
一般社団法人全国携帯電話販売代理店協会・倫理委員会委員長

おとなの法律事件簿シリーズ：
おとなの法律事件簿 職場編
https://nextpublishing.jp/book/8317.html
おとなのIT法律事件簿
https://nextpublishing.jp/book/1964.html

◎本書スタッフ
アートディレクター/装丁： 岡田 章志
編集協力： 株式会社グエル
デジタル編集： 栗原 翔

●お断り
掲載したURLは2018年2月7日現在のものです。サイトの都合で変更されることがあります。また、電子版ではURLにハイパーリンクを設定していますが、端末やビューアー、リンク先のファイルタイプによっては表示されないことがあります。あらかじめご了承ください。
●本書の内容についてのお問い合わせ先
株式会社インプレスR&D　メール窓口
np-info@impress.co.jp
件名に「『本書名』問い合わせ係」と明記してお送りください。
電話やFAX、郵便でのご質問にはお答えできません。返信までには、しばらくお時間をいただく場合があります。なお、本書の範囲を超えるご質問にはお答えしかねますので、あらかじめご了承ください。
また、本書の内容についてはNextPublishingオフィシャルWebサイトにて情報を公開しております。
https://nextpublishing.jp/

●落丁・乱丁本はお手数ですが、インプレスカスタマーセンターまでお送りください。送料弊社負担にてお取り替えさせていただきます。但し、古書店で購入されたものについてはお取り替えできません。
■読者の窓口
インプレスカスタマーセンター
〒 101-0051
東京都千代田区神田神保町一丁目 105番地
TEL 03-6837-5016／FAX 03-6837-5023
info@impress.co.jp
■書店／販売店のご注文窓口
株式会社インプレス受注センター
TEL 048-449-8040／FAX 048-449-8041

おとなの法律事件簿　家庭編

弁護士が教える生活トラブルの乗り越え方

2018年3月9日　初版発行Ver.1.0（PDF版）

著　者　蒲 俊郎
編集人　錦戸 陽子
発行人　井芹 昌信
発　行　株式会社インプレスR&D
〒101-0051
東京都千代田区神田神保町一丁目105番地
https://nextpublishing.jp/
発　売　株式会社インプレス
〒101-0051　東京都千代田区神田神保町一丁目105番地

印刷・製本　京葉流通倉庫株式会社
Printed in Japan

ISBN978-4-8443-9817-2

NextPublishing®

●本書はNextPublishingメソッドによって発行されています。
NextPublishingメソッドは株式会社インプレスR&Dが開発した、電子書籍と印刷書籍を同時発行できるデジタルファースト型の新出版方式です。 https://nextpublishing.jp/